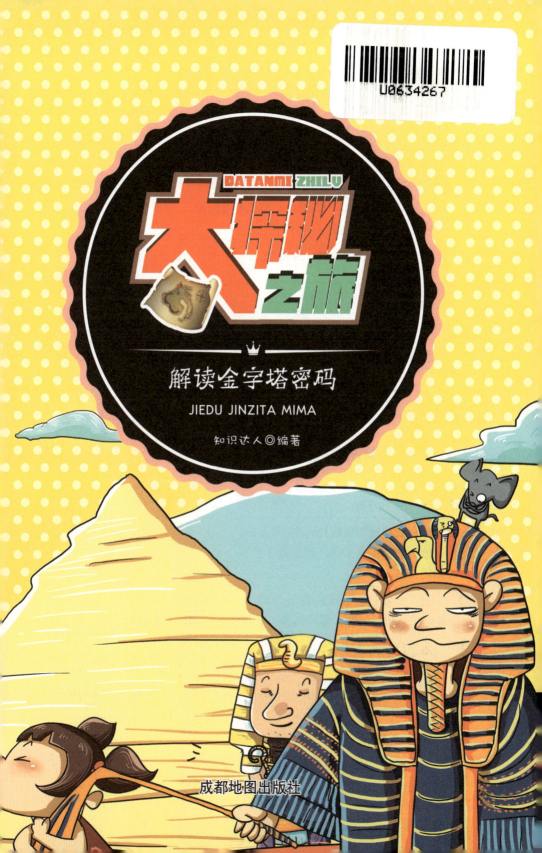

DATANMI ZHILU

大探秘之旅

解读金字塔密码

JIEDU JINZITA MIMA

知识达人◎编著

成都地图出版社

图书在版编目（CIP）数据

解读金字塔密码/知识达人编著 . —成都：成都
地图出版社，2017.1（2021.10 重印）
（大探秘之旅）
ISBN 978-7-5557-0466-9

Ⅰ . ①解… Ⅱ . ①知… Ⅲ . ①金字塔－普及读物
Ⅳ . ① K941.17-49

中国版本图书馆 CIP 核字 (2016) 第 210628 号

大探秘之旅——解读金字塔密码

责任编辑：吴朝香
封面设计：纸上魔方

出版发行：成都地图出版社
地　　址：成都市龙泉驿区建设路 2 号
邮政编码：610100

印　　刷：固安县云鼎印刷有限公司
（如发现印装质量问题，影响阅读，请与印刷厂商联系调换）

开　本：710mm×1000mm　1/16	
印　张：8	字　数：160 千字
版　次：2017 年 1 月第 1 版	印　次：2021 年 10 月第 5 次印刷
书　号：ISBN 978-7-5557-0466-9	
定　价：38.00 元	

主人翁简介

卡尔大叔：华裔美国人，幽默风趣、富有超人智慧，喜欢旅游，考察世界各地的人文、地理、动植物。

尤丝小姐：华裔美国人，卡尔大叔的助理，细心、文雅。

史小龙：聪明、顽皮、思维敏捷，总是会有些奇思妙想，喜欢旅游。

主人翁简介

帅帅：喜欢旅行的小男孩，对探索未知充满了兴趣。

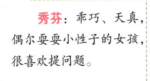

秀芬：乖巧、天真，偶尔耍耍小性子的女孩，很喜欢提问题。

目录

卡尔大叔有了新的研究课题，这一回他把目光投向了埃及金字塔。这天一大早，他就把秀芬、帅帅和史小龙喊了过去。三个小家伙早就对鼎鼎大名的埃及金字塔仰慕不已，所以一到卡尔大叔家，三人就迫不及待地翻看尤丝小姐准备好的资料。

　　秀芬问："卡尔大叔，为什么人们都说尼罗河才是埃及金字塔的真正缔造者呀？"

　　卡尔大叔笑道："嗯，你这个问题还真是问到点子上了。因为没有尼罗河，就没有古埃及文明；没有古埃及文明，也就没有埃及金字塔的诞生。所以说，尼罗河是金字塔的真正缔造者，这一点都不过

分，符合古埃及文明发展
的实际情况。"

尼罗河是孕育古埃及文明的母亲河。埃及人
对这条生命之河，总是不吝赞美之词。古希腊历史学家
希罗多德在著作中指出："埃及是尼罗河的馈赠。"

古埃及文明可考的历史，可追溯到约公元前 3500 年，故名列
世界四大文明古国之一。如今，古埃及文明的遗迹，仍遍布埃及各
地，深藏沙漠、戈壁之中，例如庞大而壮观的金字塔群、荒凉而神秘
的帝王谷、卢克索神庙内高大挺拔的石柱群遗迹、气宇轩昂的阿布辛
贝巨型雕像等，其中，最为引人注目的就是金字塔。

金字塔是古埃及法老和王后的陵
墓，用巨大的石块叠砌成四棱锥形，
因酷似中国繁体"金"字，因此
我国翻译时定名"金字塔"。

古埃及的金字塔是国王的陵墓，流行于公元前 2650～前 1550 年，即古王国至中王国时期。埃及至今留存下来的金字塔约有 90 座，其中以吉萨金字塔群最有名。在公元前 2 世纪时，古希腊学者评选七大奇迹时，胡夫金字塔名列其中第一名。现保存完好的三座大型金字塔分别是由第四王朝的法老胡夫建造的胡夫金字塔、法老哈夫拉建造的哈夫拉金字塔以及门卡乌拉建造的门卡乌拉金字塔。

很久以前，人们就盛传金字塔为埃及宝藏的埋藏地，是法老和王后的奢华陵墓。但时至今日，考古学家也未能在金字塔里寻找到埃及法老王的木乃伊，这实在让人有些匪夷所思。难道金字塔不是陵墓？要不金字塔里不可能找不到一件木乃伊。

金字塔的建造是非常耗费时间的，那些规模宏大的金字塔甚至需要花费几十年的时间去建造，建造完成之后法老还要命令画师和雕刻师在金字塔内部绘制表现法老生前活动和死后在天国继续生活的情形的壁画和雕塑，比如

说驾船、狩猎、征战、欢宴等等。这些壁画和雕塑，实际是埃及古王国时期人们生活的真实写照，具有重大的考古意义，大部分保存得很好，和金字塔一起成为埃及国宝。

埃及金字塔的确切数目，至今尚无定论。根据各种研究古埃及金字塔的著作可知，埃及金字塔有 81 座至 112 座，大多数考古专家认为有 110 座。考古学家们认为还有一些金字塔倒塌了，只剩下底部基石，而这些基石又很容易被沙漠所掩盖，而将来有可能找到，这样，埃及金字塔的总数量还会增加。1842 年，考古专家卡儿·理查·莱普修斯制作过一份埃及金字塔表，当时统计金字塔有 67 座。以后，他依据考古资料不断修订，几次更新了金字塔的数量。不过，随着考古科学的飞速发展和资讯交流越来越快捷方便，现代考古学者很快发现莱普修斯列表中存在诸多错误，比如表中说过有一些保存不佳的小金字塔，其实有可能只是一些掩埋在沙

漠底下的岩穴陵墓的遗迹，到底是不是金字塔，还有待于进一步进行考古发掘才知道。

　　金字塔是古埃及文明的遗物，受埃及政府的重点看护。但大部分金字塔还是出现了不同程度的损坏。为了更好地保护金字塔，埃及政府决定向那些使用埃及金字塔和狮身人面像肖像权的个人和公司收取"版权税"。2007年12月26日，埃及古迹最高管理委员会提交了一份适用于全世界的法律议案，其中列举了许多在使用埃及金字塔

等历史古迹时需要担负的法律责任。同时，人们在复制埃及金字塔或狮身人面像等埃及古迹的时候需要支付版权费。这些版权费将用于埃及古迹的修缮维护。

　　不过，埃及古迹最高管理委员会并不禁止全世界的艺术家利用绘画、雕刻、摄影等其他方式复制各时期的埃及古迹获得利益，只要这些作品并不是"百分之百的复制品"就行了。

金字塔建在尼罗河西岸之谜

考古学家认为，古埃及人是依靠观察天象来确定金字塔建造地址的。古埃及的宗教观念，认为人死之后会到另一个世界去生活。太阳每天从东方升起，意味着一个世界生活的开始，而太阳的西落，则意味着这一世界生活的落幕，人们开始进入另外一个全新的世界，如此循环，不停不息。埃及法老认为东边是出生的地方，西边是进入另一个世界的地方，而他们所建造的金字塔正好处在这两个世界的交口处，寓意着他们能够通过金字塔从这个世界进入到另一个世界，从此达到永生。所以，埃及金字塔全被建造在尼罗河的西岸。

秀芬问史小龙："你知道最大的金字塔是哪一座吗？"

史小龙语气肯定地回答："这还用说，当然是胡夫金字塔！"

秀芬又问："那你知道胡夫金字塔旁边又有哪些金字塔吗？"

史小龙摇头道："那还真不知道。"

这时，卡尔大叔走过来说："胡夫金字塔旁边还有十来座金字塔，它们围绕在胡夫金字塔周围，形成一片巨大的金字塔群，这个金字塔群，就是著名的吉萨金字塔群。我们今天要去那里看一看。"

吉萨是埃及的一个城市，距开罗不到 100 千米，在尼罗河下游西岸，与开罗隔河相望，吉萨城南郊 8 千米的利比亚沙漠就是著名的吉萨金字塔群的所在地。吉萨是古埃及王国时期首都孟菲斯郊外的王室墓地，现在能在这里看到 10 座金字塔。其中，最受人关注的是胡夫金字塔、哈夫拉金字塔和孟卡拉金字塔，当然还有一尊所有人都非常关注的石雕狮身人面像。

有研究者认为：上述 3 座金字塔的排列位置隐藏着一个秘密，即按照猎户座中腰部几个恒星的位置排列。3 座金字塔都以基底正方形的对角线相连，形成了金字塔群落的层次感，因而受到众多摄影爱好者的青睐。这种排列位置，使尼罗河相当于天象中的银河，由此也能看出尼罗河在古埃及人民心目中具有崇高的地位。考古学家利用电脑进行计算，模拟画出公元前1050年猎户座周围的星象图，发现猎户座3颗腰星的排列位置，与吉萨三大金字塔的布局相同；而当时天象中的银河位置，也与尼罗河与吉萨三大金字塔的对应关系相同。

有的考古学家专门研究了胡夫金字塔，惊异地发现：这座金字塔的底部四边，正好是

地理方位的正东、正西、正南和正北，误差小于1°。这个发现让考古学家十分震惊，因为这绝非巧合，肯定是金字塔建造者经过精心测量之后得出的结果。几千年前没有现代这么精密的测量工具，古埃及人是如何利用肉眼将测量误差控制在1°以内的呢？又是出于什么原因，将猎户座恒星的排列位置，用于吉萨金字塔布局的呢？要知道20世纪修建悉尼大剧院时，动用了当时最先进的电脑，工程数据的验算都用了3年时间！了解这些情况之后，人们觉得吉萨金字塔群在各个方面都有未解的谜团，还需要人们努力去破解。

吉萨三大金字塔当中最大的一座是胡夫金字塔，又称吉萨大金塔，是埃及第四王朝第二位法老胡夫统治时期建造的，是距今大约4600年的石质建筑。据埃及公布的数据，胡夫金字塔原高146.59米，因风化，顶端约剥落10米，现高136.5米。塔底边原长230米，现残长227米。整座金字塔坐落在一个巨大的凸形岩石上，占地5.29

万平方米。这使得胡夫金字塔看起来非常威武壮观。

哈夫拉金字塔离胡夫金字塔不远，是埃及第二大的金字塔。这座金字塔因为建造在地势较高处，所以看起来要比胡夫金字塔略高一些。这座金字塔是古埃及第四王朝第四位法老哈夫拉的陵墓。哈夫拉是胡夫的儿子，所以有资格把陵墓建在自己父王陵墓的旁边，并且靠近著名的狮身人面石雕像。

可能是因为位置较差，室内湿度过大，通风又差一些，这座金字塔内部的墙壁出现了较为严重的崩裂和脱落。在1992年一次强度为5.4级地震中，哈夫拉金字塔的塔身受到严重的破坏。埃及政府及时对哈夫拉金字塔进行全面维修，并在2001年7月重新对外开放。

哈夫拉金字塔刚建成的时候，高143.5米，受风化影响，现残高136.5米，与胡夫金字塔的高度大体相同。哈夫拉金字塔底边原长215.3米，现底边残长210.5米，塔壁斜度为52° 20′，比胡夫金字塔的塔壁坡度更

陡一些。

哈夫拉金字塔前设有祭庙，庙前修了一道长堤通向河谷中的一座神庙和狮身人面石雕像。

哈夫拉金字塔内部有两个墓室，在北侧有一上一下两个出入口，通过两个出入口，可以进入墓室。

墓室大体在金字塔的中轴线上。其中一间墓室长 14.2 米，宽 5 米，高 6.8 米，摆着一副空的石棺，但棺盖已残碎。当年石棺中是否安葬过法老王的尸体也不得而知。

孟卡拉金字塔建于公元前 2600 年至公元前 2500 年，比前两座金字塔小了很多。孟卡拉法老是胡夫法老的孙子，在位时间很短，很年轻就去世了。这或许是这座金字塔的规模较小的一个原因吧。孟卡拉金字塔的地基是用花岗岩砌成的，塔底边残长 108.5 米，残高 66.5 米。据说，1839 年，一名英国探险家首次进入这座金字塔，在墓室里发现一副花岗岩石棺及一具法老木乃伊。于是，他把这些文物装船，准备运回英国。可惜的是，这条船遇上风暴，石棺和木乃伊都沉入大西洋。至今也没人知道此事的真假。

知识百宝箱

吉萨金字塔和拿破仑

1789 年，拿破仑带领法国军队入侵埃及，于 7 月 21 日在吉萨与土埃联军（土耳其和埃及）发生一场激战，法军获胜。拿破仑以战胜者的身份游历吉萨金字塔群。

据记载，拿破仑对三大金字塔佩服得五体投地，他不胜感慨地说："建造这金字塔的埃及人实在是了不起呀！光是建造这三座金字塔所用的石块，用来建一堵厚 1 米、高 3 米的石墙，其长度一定可以把整个法国围起来！"

卡尔大叔带着几个人来到胡夫金字塔前，突然发问："你们谁能告诉我，建造胡夫金字塔大概用了多少年？"

　　史小龙想了一会儿，支支吾吾地说："要三五年吧，最多 10 年！"

　　帅帅笑着对史小龙说："三五年，怎么可能呢，那么大的金字塔，少说也要十几年！"

　　秀芬说："我觉得你猜得也有点少，我估计怎么也得 20 年！"

　　小朋友们的对话让尤丝小姐笑了起来："秀芬猜的时间也少了点，我告诉你们，胡夫金字塔用了 30 多年才建成！"

　　"并且，参与建造的奴隶，约有 10 万多人呢！"卡尔大叔点头说道，然后告诉史小龙，"你可要注意听讲哦！"

胡夫金字塔是埃及最大的金字塔，也是古埃及文明最典型的文化遗存。早在公元前2世纪，就被古希腊学者评为"世界七大奇迹"之首。现在，胡夫金字塔仍然雄踞于开罗南面的吉萨高地上，向来自世界各国的旅游者，展示古埃及灿烂的文明。

想当年，古埃及第四王朝第二位法老胡夫驱使10万多名奴隶为自己修建陵墓，历时30多年，其工程之浩大简直不可想象。

英国考古学家彼得经过计算之后指出：建造胡夫金字塔大约用了230万块巨石，仅铺设在金字塔最外层的石块就有大约11万块。这些巨石的重量都不轻于1吨，部分甚至达到了5吨左右，而最大的巨石竟然重50多吨。粗略地估计一下，建造这座胡夫金字塔要用掉大约684万吨的石料。这是一个什么概念呢？就是说，如果把这些石料看成是一块块30立方厘米的石块，并将它们沿直线排列起来，其长度将超过地球赤道周长的2/3。这在4000多年前的古埃及，是如何做到的呢？且不说去哪里才能采集到这么多的石料，就是如何将它们搬运到吉萨高地，再砌成如此宏伟

壮观的胡夫金字塔，
也让人觉得非常不可思议。

　　胡夫金字塔建成后，由于长期
遭到风雨的侵蚀，塔顶逐渐风化剥落，
如今的高度大约在 136.5 米。尽管这样，它
仍然是埃及金字塔中最高的一座。

　　胡夫金字塔的基座是一个正方形，四面分别
朝向东西南北方，基本上四条边长没有什么误差，
精准度简直让人惊叹不已。

　　胡夫金字塔令人震惊的不只是在外观上，考古学
家仔细研究后发现，胡夫金字塔还包含了许多人类无
法理解的数学原理。

　　英国《伦敦观察报》的编辑约翰·泰勒第一个注
意到胡夫金字塔各项数据中所隐藏的秘密。首先，他
发现相关人员从前对胡夫金字塔的底角的测量度数
并不准确，他重新测量了度数，并从这个新度
数中换算出金字塔底脚与每个侧面三角形的
面积的微妙关系。金字塔的方方面面简
直就像一个九连环，一环扣着一环，
真是太神奇了。

　　其次，泰勒还发

现，用胡夫金字塔塔基的周长除以塔高所得到的值，竟然正好等于地球赤道周长除以赤道半径的值。由此再细心分析计算，又可发现胡夫金字塔的塔高除以底边长度的两倍，就是圆周率。泰勒发现这些数字后也惊呆了。他认为这座金字塔的尺度数据有如此精妙的关系，绝非偶然。它们证明古埃及人在四五千年前就已经知道地球是圆的，并且还推算出了圆周率。

英国数学家查尔斯·皮奇·史密斯教授对泰勒的发现给予了肯定。他亲自前往胡夫金字塔进行考察，之后他宣布自己的发现，原来胡夫金字塔的尺度数据中还隐含着更多的数学奥秘，比如胡夫金字塔的塔高，竟然与太阳和地球之间的距离也有密切的关联。

然而，这些只是众多金字塔之谜中的冰山一角。继史密斯教授之后，另一位英国探险家费伦德齐·彼特里也来到胡夫金字塔进行了实

地考察。这次，他带着耗费了他父亲近 20 年的心血才改进成功的测量器材，对胡夫金字塔进行了更加精确的测量。彼特里惊奇地发现，胡夫金字塔的各边、各角几乎没有误差，古埃及人测量的准确度竟然丝毫不差于现代人。他还发现，胡夫金字塔的重量只要乘以 10 的 15 次方，就大约等于地球的重量；而地球的子午线正好从胡夫金字塔的中心穿过；地球两极轴心的位置每天都在发生着变化，不过大约每 2 万年又会回到原来的位置，而胡夫金字塔两条对角线的长度和恰巧与这 2 万多年的数值重合……

这种种巧合既充满了趣味性，又让人匪夷所思。因此，当彼特里将自己的发现公之于众后，整个科学界顿时为之沸腾了。大批探险家、科学家和考古学家来到胡夫金字塔，希望能有更多发现。

胡夫金字塔是埃及法老胡夫的陵墓，可是自首次有考古学家进入胡夫金字塔内部至今，一直没有发现胡夫的尸体。法老胡夫的尸体是被人偷走了，还是根本就

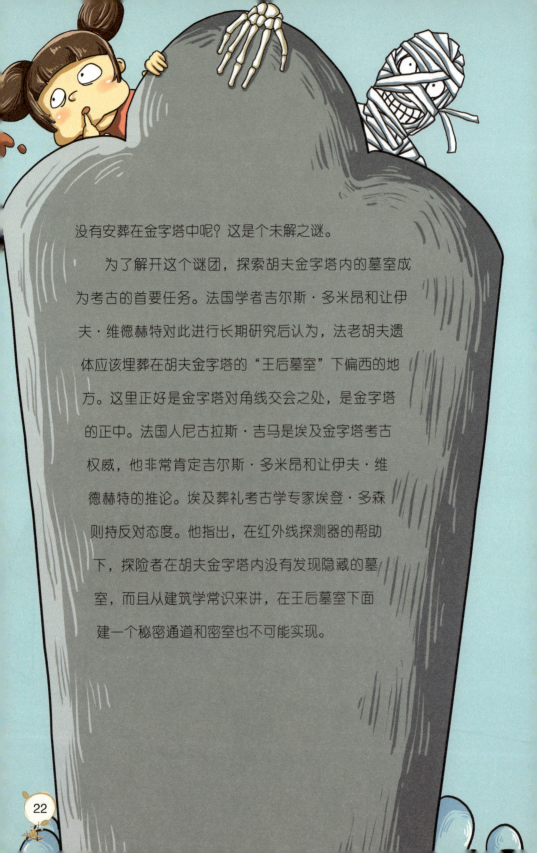

没有安葬在金字塔中呢？这是个未解之谜。

为了解开这个谜团，探索胡夫金字塔内的墓室成为考古的首要任务。法国学者吉尔斯·多米昂和让伊夫·维德赫特对此进行长期研究后认为，法老胡夫遗体应该埋葬在胡夫金字塔的"王后墓室"下偏西的地方。这里正好是金字塔对角线交会之处，是金字塔的正中。法国人尼古拉斯·吉马是埃及金字塔考古权威，他非常肯定吉尔斯·多米昂和让伊夫·维德赫特的推论。埃及葬礼考古学专家埃登·多森则持反对态度。他指出，在红外线探测器的帮助下，探险者在胡夫金字塔内没有发现隐藏的墓室，而且从建筑学常识来讲，在王后墓室下面建一个秘密通道和密室也不可能实现。

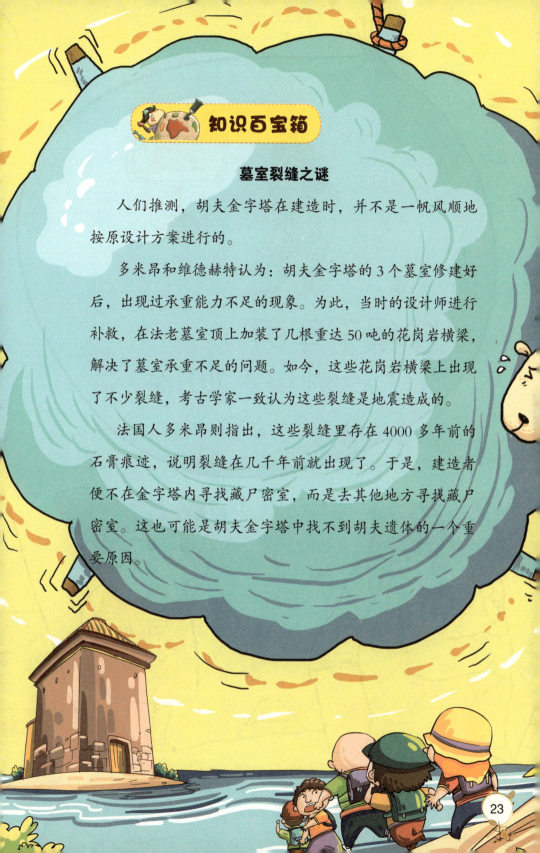

知识百宝箱

墓室裂缝之谜

人们推测，胡夫金字塔在建造时，并不是一帆风顺地按原设计方案进行的。

多米昂和维德赫特认为：胡夫金字塔的 3 个墓室修建好后，出现过承重能力不足的现象。为此，当时的设计师进行补救，在法老墓室顶上加装了几根重达 50 吨的花岗岩横梁，解决了墓室承重不足的问题。如今，这些花岗岩横梁上出现了不少裂缝，考古学家一致认为这些裂缝是地震造成的。

法国人多米昂则指出，这些裂缝里存在 4000 多年前的石膏痕迹，说明裂缝在几千年前就出现了。于是，建造者便不在金字塔内寻找藏尸密室，而是去其他地方寻找藏尸密室。这也可能是胡夫金字塔中找不到胡夫遗体的一个重要原因。

第四章

守候千年的
狮身人面像

　　大家还没从胡夫金字塔带来的震撼中走出来，史
小龙就兴高采烈地指着狮身人面像说："太好啦！太好啦！
你看那里就是狮身人面石雕像！"

　　帅帅说："还真是挺漂亮的，而且个头还这么巨大。你说古埃及
人为什么要雕刻这么大的一尊石雕像！"

　　史小龙说："我知道狮身人面像，就是怪兽斯芬克斯的雕像，是
胡夫法老王下令雕成的，用来镇压妖魔鬼怪的。"

　　卡尔大叔笑着说："小龙，关于狮身人面像的来历，有几种说
法。说这是怪兽斯芬克斯像，主要是欧洲旅游者的说法。狮身人面像
外观很像希腊神话中的怪兽斯芬克斯，所以西方人也称狮身人面像为
斯芬克斯。

　　"狮身人面像坐落在吉萨三大金字塔中间，坐西向东，蹲守在哈
夫拉金字塔旁边。因为狮身人面像离胡夫金字塔也很近，而且胡夫法

老又是哈夫拉法老的父亲，他的陵墓在这一片埃及法老的陵墓中具有较高的地位。所以，考古学专家曾一度以为狮身人面像是胡夫金字塔的附属建筑。后来考古证明，狮身人面像其实是哈夫拉金字塔的附属建筑，是法老哈夫拉下令建造的，其目的就是为自己守灵。

"狮身人面像高 20 米，长 57 米，脸长 5 米，耳朵长 2 米。在竣工初期，石像头上顶着'奈姆斯'皇冠，额头上雕刻着眼镜蛇浮雕，下颌缀有长须，这些都是古埃及法老王的象征。而这'人面'更有传说是照着法老哈夫拉本人的脸雕刻而成的。摆在石像前长达 15 米的狮爪是用花岗石砌成的，它的身躯是由一整块含有贝壳之类杂质的巨石雕刻而成。"

听到这里，史小龙说："我猜这法老哈夫拉一定是个奇丑无比之人。"

秀芬立刻追问："你怎么知道的？"

史小龙说："刚才卡尔大叔说，这脸部是照着法老哈夫拉脸雕刻而成的，我想奴隶也不敢乱雕，一定是用写真手法，应当基本上像法老本人的脸型。你看，这'人面'多丑啊，不仅没有鼻子，这下面的长须也是有一根没一根的。倘若它真是照着哈夫拉法老的脸雕的，那一定是哈夫拉法老太丑了。"

听到这里，卡尔大叔哈哈大笑起来，说："小龙还真会乱点评。这狮身人面像的脸部，本来是端正的，雕刻得也很细致，只不过历经数千年风雨侵蚀，石像表面出现了崩裂，所以才成为现在的样子。"

接下来，卡尔大叔又讲了一些关于狮身人面像的故事。

这座狮身人面像是几十年前才被人们从沙地下挖出来的，据说在此之前，它曾多次被黄沙掩埋，又多次被后代人刨出来。因为石像所处地理环境特殊，每回重见天日后都维持不了多长时间，就会再次被黄沙掩埋。

埃及有一个古老的传说，3400年前托莫王子到吉

萨高地狩猎，这里已是一片沙漠。他坐在沙地上休息，不知为何便进入了梦乡。在梦中一个狮身人面兽对他说："我是鹰神，我的石雕像被埋在黄沙底下，请你派人把我的石雕像从黄沙下挖出来，我一定会保护你，让你顺顺利利地登上王位。"托莫王子醒来之后，便下令将狮身人面像从黄沙下挖出来。但没过多少年，狮身人面像又逐渐被黄沙淹没了。

公元前 5 世纪，希腊著名学者希罗多德访问埃及，去过吉萨高地。后来，他在书中生动地描述了吉萨三大金字塔，却一个字也没有提及夹在三大金字塔中间的狮身人面像。很可能狮身人面像当时已被漫漫的黄沙掩埋了，希罗多德在地表看不见狮身人面像。

因鼻子已残损，狮身人面像的脸部看起来非常古怪。有人说那个鼻子是在拿破仑侵略埃及时被法国士兵打掉的。其实，拿破仑的士兵并没有打掉那个鼻子，因为在拿破仑侵略埃及之前，那个鼻子就已经残损了。有些历史学家指出：狮身人面像的鼻子可能是被中世纪伊斯兰苏菲派教徒给砸掉的。因为那个时候狮身人面像正好遭到黄沙的掩埋，

只剩下一个头露在外面，砸掉鼻子的难度并不太大。不过有些考古学家并不赞同这种说法，他们认为狮身人面像上的鼻子，是在几千年风雨侵蚀中自然剥落的。因为狮身人面像不仅缺鼻子，就连头顶上的鹰形皇冠和围在脖子上的项圈，也都消失不见了。额头上雕刻的眼镜蛇浮雕，如今也只能隐约地看到一些凸起的痕迹。

说来也巧，1818年，英籍意大利探险者卡菲里亚在狮身人面像下面的沙土中找到了脱落的眼镜蛇浮雕石片。如今，这块浮雕石片被陈列在英国大不列颠博物馆里。狮身人面像下颌的胡须碎片也找到了几块，有两块存放在埃及博物馆；有一块胡须碎片曾保存在英国大不列颠博物馆，后来归还埃及。由此看来，风雨侵蚀才是露天石质文物被破坏的主要原因。

虽然埃及政府为保护狮身人面像花费了大量心血，但还是无法阻止风雨的侵蚀，狮身人面像的风化残损仍在继续。据报刊报道，1981年10月，狮身人面像后腿处出现塌方，形成一个长3米、宽2米的大坑。1988年2月，狮身人面像右肩上掉下两块巨型石头，其中一块巨石重达2吨。

狮身人面像建造时期之谜

关于狮身人面石雕像的建造年代，长期从事金字塔研究的美国科学家约翰·安东尼·韦斯特有不同的看法。他认为狮身人面石雕像的建造年代要早于胡夫金字塔几千年，大约在距今 12000 年前，狮身人面石雕像就存在了。

他的依据是，狮身人面石雕像除头部外，全身都有被水长期浸泡的痕迹。虽然埃及吉萨高地临近尼罗河，屡屡遭受尼罗河洪水的侵袭，但洪水水位能达到狮身人面石雕像的颈部，肯定是特大洪水。根据可靠记载，尼罗河最后一次大型洪水发生在公元前 10000 年左右。因此，狮身人面石雕像的建造年代要早于公元前 10000 年。

第五章

诡异的狮身人面像惨剧

"你们是否知道，在狮身人面像前面曾经发生了一件十分恐怖的惨剧？"讲完了狮身人面像的来历和种种经历后，卡尔大叔把话题一转，引起了几个小家伙的兴趣，他们纷纷问："什么惨剧呀？"

尤丝小姐说："卡尔大叔说的应该是发生在1998年的那起枪击事件吧！"

"是的。"卡尔大叔回答道，接着就讲起这起枪击事件。

原来，狮身人面像自黄沙下被挖出来之后，就受到世人的关注，同时也引发了各种疑问，诸如这座巨大的石像是如何被雕塑成的，雕像的造型有什么意义，当初的设计者到底是谁……这种种问题，长期困扰着古埃及文明的研究者，谁也拿不出一个令人信服的答案来。

但这些不解之谜，使狮身人面像更加具有魅力，来自世界各国的游客，都要到这里来看一看，所以这里每天游人如织。但谁也没有想到这里会发生一场震惊世界的惨剧。

1998年7月的一天，一群游客在狮身人面像前面拍照留念，他们兴奋地谈论着与狮身人面像有关的各种话题，沉浸在对古埃及文明的崇拜之中，谁也没有想到危险正在来临。

这时，一辆卡车驶来，停在狮身人面像不远处。卡车上跳下一群手持卡宾枪的男人，也没有喊话，就朝着狮身人面像下的游客开枪射击，在猛烈的枪声中，无数的无辜游客纷纷倒下。暴徒在警察到来之前已迅速逃走，只留下一个血腥恐怖的现场。

这起暴行引起全世界的关注，埃及警察署立即成立专案组，在全国范围内展开周密调查，却没有找到一丝线索。那群暴徒就像是从地狱里冒出来的恶魔，在人间行凶之后就消失无踪了。

专案组成员调查了那些被害者，他们当中没有极端分子，也没有人涉及宗教纠纷。让所有人感到悲愤和奇怪的是：暴徒剜走了所有遇难者的右眼。

于是，有人便把这个怪事与狮身人面像联系在一起，认为那些暴徒是信仰死神斯芬克斯的极端分子，剜走游客右眼，是发出警告：那些游客看到了不应该看到的东西。

但什么东西是不能看见的呢？难道是狮身人面像？

　　科学家怀疑狮身人面像可能隐藏着什么秘密。

　　来自美国芝加哥大学的地质学家让·哈尔夫教授，也参与了这项研究。游客拍摄的几张狮身人面像照片引起他的重视。这几张照片的清晰度很高，连狮身人面像表面的风化沟壑都清晰可见。这些沟壑，地质学家一向认为是天然风化所致。但哈尔夫教授是研究侵蚀和风化领域的专家，通过几张照片的对照，他指出：那些沟壑可能是被雨水冲刷而成的，并不是风化侵蚀的结果。

　　哈尔夫教授的意见引起许多专家的异议，因为狮身人面像所处的吉萨高地是典型的沙漠地带，在哈夫拉金字塔建成之后，那里的气候就变得异常干旱，不可能会出现大量雨水，而普通的降雨，也不可

能在狮身人面像上冲刷出沟壑
来。

　　哈尔夫教授不在乎同行们的指
责，他只相信事实，相信自己所做的推
论是可以找到证据的。为此，他带着几个
助手飞抵埃及，来到狮身人面像前。经过
一系列严谨的取样分析之后，哈尔夫教授找
到了证实自己观点的证据。但当时大家根本就没
有心思去关注哈尔夫教授所找到的证据，他们最
希望了解暴徒的情况，想知道这些暴徒为什么会在
狮身人面像前滥杀无辜的游客。最终，哈尔夫教授在一
片指责声中郁郁而终。

　　随后，有人想到在狮身人面像附近发现过一座巨型坟墓。1990
年的一天，这座坟墓被考古学家偶然发现，墓中埋葬了600多人。
经过仔细分析，这些人全是当年建造埃及金字塔和狮身人面像的奴隶。一些有神论者便说："因为埃及法老王在建造金字塔和狮身人面像时过于压迫奴隶，所以奴隶们的灵魂如今开始向我们索命了！"

无神论者认为这种说法是无稽之谈，因为大量证据证明，修建吉萨三大金字塔和狮身人面像的工人的生活，并没有传说中那么悲惨。再说，即便奴隶们的灵魂会向活人索命，他们索命的对象，应当是古代的法老，或者是监工的工头们，而不会对与他们毫无瓜葛的现代人下手。

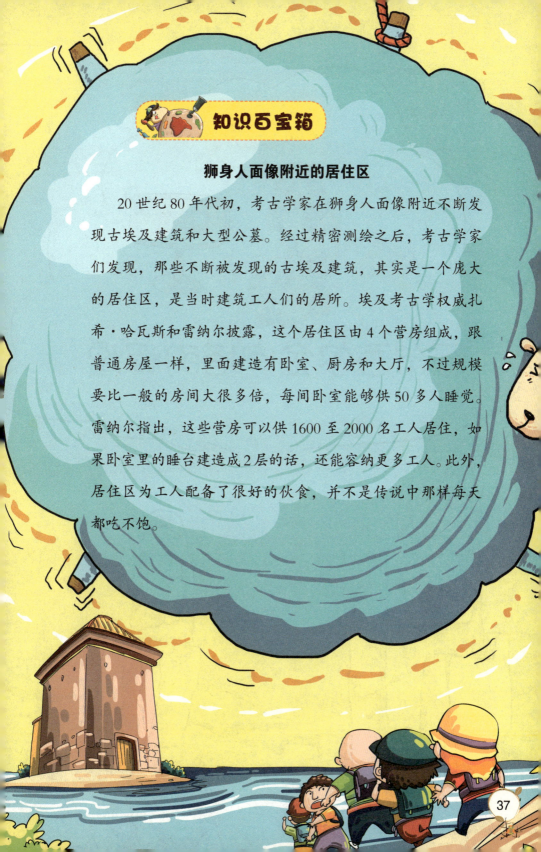

知识百宝箱

狮身人面像附近的居住区

20世纪80年代初，考古学家在狮身人面像附近不断发现古埃及建筑和大型公墓。经过精密测绘之后，考古学家们发现，那些不断被发现的古埃及建筑，其实是一个庞大的居住区，是当时建筑工人们的居所。埃及考古学权威扎希·哈瓦斯和雷纳尔披露，这个居住区由4个营房组成，跟普通房屋一样，里面建造有卧室、厨房和大厅，不过规模要比一般的房间大很多倍，每间卧室能够供50多人睡觉。雷纳尔指出，这些营房可以供1600至2000名工人居住，如果卧室里的睡台建造成2层的话，还能容纳更多工人。此外，居住区为工人配备了很好的伙食，并不是传说中那样每天都吃不饱。

第六章

阿布西尔金字塔的辉煌

　　参观完了吉萨金字塔，卡尔大叔问大家："除了吉萨高地，埃及还有一个很有名的金字塔群，你们有谁知道在哪里吗？"听到卡尔大叔的提问，几个小家伙纷纷相互询问起来，可没有一个人知道。

　　卡尔大叔摆手让几个小家伙安静下来，说："还是我告诉你们吧，在阿布西尔。"

　　"阿布西尔是什么地方，过去没有听别人说起过。"几个人嘟囔着。

　　卡尔大叔说："阿布西尔的知名度当然赶不上吉萨，但阿布西尔金字塔群也有很多奥秘，值得大家前去参观。"卡尔大叔的话引起了大家的兴趣，于是几人又跟随卡尔大叔一起前往阿布西尔。

　　阿布西尔金字塔大多建造于古埃及第五王朝时期，那里的金字塔矮小，建造工艺差，并且大多正出现垮塌和崩裂，更有不少因长期无人问津而埋葬于沙丘之中。不过法老王修建在阿布西尔金字塔群旁边的陵庙，很受游客的追捧。那些神庙中保存着许多精美的浮雕和石柱。

　　阿布西尔金字塔群在开罗的西南边，离吉萨金字塔群约 50 千米

远。考古学家在这里发现 57 座金字塔，大多是在埃及第五王朝时期建成的，也就是在吉萨三大金字塔建成后才建造的。

埃及第五王朝时期，是埃及国力逐渐衰退的时期，这一时期所建的金字塔比较小，建造工艺也大不如前。由于这些金字塔使用的都是质量较差的石灰石，再加上经历了 4000 多年沙漠风暴的侵袭，大多数金字塔已经出现坍塌现象。

阿布西尔金字塔群中，纽塞拉金字塔、内弗尔卡拉金字塔和萨胡拉金字塔这三座金字塔名气较大。其中最大的一座是内弗尔卡拉金字塔，保存得最完整和最完美的则是纽塞拉金字塔。

古埃及第五王朝到底是怎样开始的，并没有一个确切的说法。不过学术界意见较统一的说法是，这一王朝始于乌塞尔法老，他是一个忠实的太阳神信奉者，统治期间开始重视太阳神神庙的建设。

乌塞尔法老的金字塔建立在左塞尔梯形金字塔圣区东北 200 米远的地方，虽然他的金字塔很小，但里面的古文物却保存得非常完整。考古学家在乌塞尔金字塔里面发现许多精美的壁画和雕塑，其中最引人注目的就是他本人的雕像。这座雕像用花岗岩石雕刻而成，是至今为止所发现的第一尊大小超过法老本身尺寸的法老雕像。

　　萨胡拉金字塔里面有许多保存完好的精美壁画，这些壁画描绘了萨胡拉指挥埃及海军作战，以及跨越沙漠进行远征的故事。在历史上，萨胡拉法老的确是一名优秀的军事领袖，是古埃及海军的缔造者。在他统治古埃及的 14 年间，他率领军队攻击过利比亚人，征服过地中海沿岸地区。同时，萨胡拉法老也是一个成功的商人，他曾派军队前往巴勒斯坦地区进行贸易活动，为古埃及带来许多珍奇和财富。

　　纽塞拉金字塔是古埃及第五王朝第六位法老的陵墓。这座金字塔中埋葬着纽塞拉法老本人、他的三个女儿及一位女婿。纽塞拉法老统治古埃及 30 多年，是第五王朝时期最为重要的一名法老。

考古学家在研究阿布西尔金字塔群时发现，每一座金字塔内部的岩壁上都钻了许多圆孔。

让考古学家觉得奇怪的是，金字塔内部的岩壁所使用的材料，是一种比花岗岩还要坚硬的岩石。在这种岩石上钻孔，在当时的条件下简直是不可能的。但那些圆孔的的确确就是古埃及人在4000多年以前完成的。

许多人不明白这种大孔是怎么钻的，古代埃及人没有现代化的工具，是怎样把这种大孔打出来的。

经过仔细观察，这些孔全部是用筒钻钻的，所钻的孔实际是筒状，孔的中心有一条圆柱形石芯。由于这种钻孔只是研磨掉一部分岩石，不必磨掉孔中全部的岩石，因此这样钻孔速度较快。钻到一定时候，把中间的圆柱形石芯敲断后取出来，就可以获得一个孔壁非常光滑的大孔了。而且这种钻孔，不是靠钻头本身的硬度，而是使用天然产出的金刚砂为研磨剂；所谓的钻头，只不过是以旋转的方式，

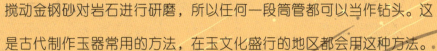

搅动金钢砂对岩石进行研磨，所以任何一段筒管都可以当作钻头。这是古代制作玉器常用的方法，在玉文化盛行的地区都会用这种方法。

看来，建造阿布西尔金字塔的建筑师肯定掌握了这种工艺方法，所以才能够得心应手，在金字塔内部的岩壁上钻了许多圆孔。不过，由于古代没有电动力，光靠人力驱动打孔的钻头旋转，真是非常艰苦，耗费大量体力的工作。

知识百宝箱

埃及祭祀之墓

阿布西尔沙漠上不仅耸立着古埃及第五王朝时期建造的大量小金字塔，这里也曾是波斯入侵古埃及时的竖井墓地所在地。

来自捷克共和国查尔斯大学的考古学家，就在这块竖井墓地中发现了一座未被盗窃过的古墓，这座古墓属于古埃及大祭司尤法，里面陈放着成百上千件罕见宝物。

探索左塞尔阶梯金字塔

从阿布西尔金字塔群出来后，卡尔大叔又带着几个小家伙上路了，这一次他又要带他们去哪里呢？还没等卡尔大叔宣布，史小龙就已经忍不住了，他问卡尔大叔："看完这里的金字塔，其他地区的金字塔就没有必要再看了吧！这回您会带我们去看什么呢？"

卡尔大叔微微一笑，说："别急，作为古埃及文明象征的金字塔，可没那么容易让你看完。我问你们，你们想不想看年代最早的一座金字塔，也可以说就是金字塔的始祖呢？"几个孩子一齐点头。

"好，既然大家都想看，我们就去看看这座名叫左塞尔的金字塔吧。"

左塞尔阶梯金字塔，又名圣卡拉阶梯金字塔，是埃及金字塔的始祖。在埃及古王国时期，法老王和王公大臣死后都会把陵墓建造在圣卡拉。在古埃及第三王朝之前，埃及法老王的坟墓都是用砖块砌成的巨大长方形坟堆。然而到了第三王朝左塞尔法老王在位的时候，有人想以一种更为特殊的方式为法老建造坟墓，这个人就是古埃及最伟大的建筑天才——伊姆霍泰普（也称伊姆荷太普）。

伊姆霍泰普精通医术、建筑及绘画等，因受到左塞尔法老王的青睐而肩负起法老陵墓的建设重任。按照他的设计方案，陵墓的基底要被建造成一个边长63米，高8米的坟堆，建造所用的全是打凿得很规则的石块。基底建造好后，工人按要求一层一层往上堆垒石块，并且逐层减少，这使得陵墓的样子就像一层一层往上爬的巨型阶梯。这样的阶梯一共要建6层，陵墓主体才算完成。

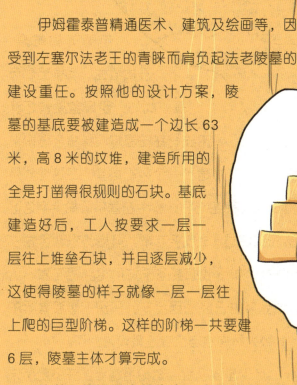

接着，伊姆霍泰普命令工人用精心调配好的白石灰粉刷整座陵墓的外壁，等到石灰凝固后，陵墓才算建成。建成之初，这座陵墓高达62米，基底长121米，宽109米。这座巨大的6级阶梯是圣卡拉荒漠上的首座阶梯金字塔，也是埃及最早的金字塔。法老左塞尔死后就安葬在这座金字塔里面。

此后，工匠们又在这座阶梯金字塔周围建造了大量通道和走廊，走廊两旁摆满制

作精美的雕塑、石质器皿、陶瓷饰物等等。此外，伊姆霍泰普还让工匠们在左塞尔阶梯金字塔南北各修建了一个祭祀殿堂。在这些附属建筑全部完工之后，整个左塞尔阶梯金字塔区的建筑面积超过 15 万平方米。可惜的是，因为沙漠风暴的侵蚀，如今我们在圣卡拉所见到的左塞尔阶梯金字塔已经面目全非，只留下伤痕累累的 6 级大阶梯独自伫立在荒漠之上了。

这座埃及金字塔始祖包含了许多前所未有的创想，所以设计师伊姆霍泰普被埃及人称之为罕见的建筑天才。除了拥有鬼斧神工的设计能力之外，伊姆霍泰普还擅长天文、医药和魔术，所以他一度被埃及人称之为无所不能的神。

在左塞尔阶梯金字塔的东北方耸立着泰提王的金字塔，再往北就到了第一王朝的墓地，那里分布着许多墓冢。而在左塞尔阶梯金字塔的西北方则有一座举世闻名的双人墓冢，这个墓冢建造于古埃及第五王朝时期，是普塔侯泰和他父亲阿克特侯泰的陵墓。在左塞尔阶梯金字塔左下方则有一座还未完工的阶梯金字塔，它是左塞尔王位继承人塞克汗亥法老的陵墓。

左塞尔阶梯金字塔的建筑材料大多出自亚斯旺采石场，都是质量较为上乘的花岗岩。因为大部分阶梯金字塔在被发掘之前都埋藏于沙丘底下，所以里面所陈列的古埃及文物都保存得非常好，经过修葺之后，不少阶梯金字塔对游人开放。拿左塞尔阶梯金字塔来说，它内部的墓室里摆放着许多雕塑，墙壁上也有许多壁画。这些文物有些可以合影留念，有些不允许摄影，有些允许合影留念但不允许在拍摄时使用闪光灯。许多建造在这里的王室陵墓的楼梯和甬道又矮又窄，假如你没有随身携带照明工具的习惯，可以要求金字塔管理员帮你点灯。

考古学家在圣卡拉荒漠之中发现了几十座金字塔，有些专家表示肯定还有更多的金字塔埋藏在这片沙漠里。因为阶梯金字塔的创造者伊姆霍泰普的墓，至今还没有被人们发现。这些金字塔的建造都花费了大量的人力和物力，虽看上去有些粗糙，但是其中所蕴涵的数学、天文、地理等方面的奥秘数不胜数。古埃及人在建造金字塔的时候，一定经过精密的计算，因为埃及金字塔在角度方面的误差极其微小，也正因为如此，才能屹立在荒漠中数千年不倒。

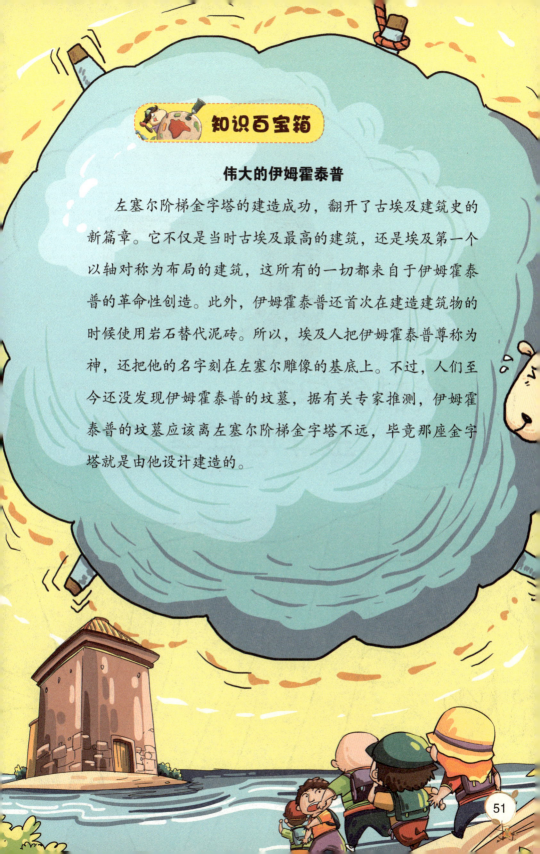

知识百宝箱

伟大的伊姆霍泰普

左塞尔阶梯金字塔的建造成功，翻开了古埃及建筑史的新篇章。它不仅是当时古埃及最高的建筑，还是埃及第一个以轴对称为布局的建筑，这所有的一切都来自于伊姆霍泰普的革命性创造。此外，伊姆霍泰普还首次在建造建筑物的时候使用岩石替代泥砖。所以，埃及人把伊姆霍泰普尊称为神，还把他的名字刻在左塞尔雕像的基底上。不过，人们至今还没发现伊姆霍泰普的坟墓，据有关专家推测，伊姆霍泰普的坟墓应该离左塞尔阶梯金字塔不远，毕竟那座金字塔就是由他设计建造的。

第八章

代赫舒尔的
金字塔群落

见识完了阶梯金字塔，卡尔大叔又带着他的队伍上路了。这次大家都兴奋不已，因为他们要乘坐骆驼前往目的地。

史小龙从来没有坐过骆驼，更别提埃及骆驼了，所以屁股还没落下来他就兴奋地乱跳。卡尔大叔提醒他说："你小子老实一会儿吧，别乱跳了！小心掉下去，摔得鼻青脸肿！"

帅帅问："我们接下来要去的地方是弯曲金字塔所在的那个代赫舒尔吗？"

卡尔大叔面露微笑，点头说道："嗯，我想那里才是整个埃及最为神秘的地方啦！"

"为什么这样说呢？"秀芬问。

这时，他们的骆驼队已经抵达弯曲金字塔脚下。卡尔大叔指着那座庞大的金字塔说道："到底有多神秘，等我们了解后就知道了！"

这里距埃及首都开罗约 40 千米，是开罗南部沙漠中的一片古埃及王室墓地。在这片墓地之中，有几座埃及最古老的金字塔。这里之所以神秘，是有历史原因的。

原来，在很长一段时间内，代赫舒尔地区处于某个军事区管辖范围之内，除了军队的士兵之外，其他人很难进入这一地区。所以，在考古专家把其他地方的金字塔翻了个底朝天的时候，代赫舒尔的古老金字塔却默默无闻地伫立在风沙之中。到 1996 年，这一地区才正式开放，人们才有可能到这里参观游览。由于这里的金字塔以前很少被人参观，因此人们对它们的研究还是一片空白。所以，有越来越多的专家和学者投身到对代赫舒尔金字塔的研究中来。

代赫舒尔金字塔群中最著名的是弯曲金字塔、红金字塔和黑金字塔三座。

弯曲金字塔，也叫折角金字塔，是埃及第四王朝首位法老圣法鲁的陵

墓，坐落在墓地的南部。塔底是正方形，底边长188.6米，塔高101.15米，仰角为54°31′。不过在塔高49.07米以上时，仰角变成43°21′。仰角的变化使这座金字塔看起来非常别扭，所以才有"弯曲金字塔"这样的称呼。专家经过周密考证之后认为，弯曲金字塔之所以在49.07米高时要改变仰角，主要原因是如果一直按照54°31′的仰角建造，这座金字塔的高度将会超过200米。这样的高度对于当时的建造者来说，几乎是难以完成的，而且即便建成，金字塔也容易发生坍塌。因此设计者就临时改变了建造方案。

在弯曲金字塔还没封顶的时候，圣法鲁法老就已经开始建造他的第二座金字塔了。这座后建的金字塔，就是弯曲金字塔附近的红金字塔。红金字塔和弯曲金字塔同属于一位法老，组成了埃及金字塔中为

数不多的"姐妹"金字塔。因为后建的这座金字塔使用了铁红色花岗石，塔身通红，故得名"红金字塔"。可能是在弯曲金字塔那里得到教训，圣法鲁在红金字塔的建造上倾注了很多心血，这座金字塔的底边边长220米，高99米，仰角为43°40′，并一直按照这种仰角砌到顶点。红金字塔是第一座外形看起来像"金"字的金字塔，所以红金字塔又被称为埃及第一座真正的金字塔。圣法鲁法老建造红金字塔的经验被他的儿子胡夫继承了，在圣法鲁去世之后，胡夫在埃及吉萨高地上建造出史无前例的大金字塔，古埃及的金字塔建造技术由此达到顶峰。

红金字塔全天向游客开放，所以卡尔大叔他们没怎么费劲就成功买到票，正式开始了红金字塔之旅。

红金字塔的入口在塔基往上 30 多米高的地方，在抵达这个入口之前需要爬上一个有 100 多级石阶的阶梯。入口处的管理员为前来观光的人们准备了手电筒。虽然有手电筒开路，但手电筒所起的作用有限。因为进入红金字塔之后，四周一团漆黑，手电筒只能照亮脚下，参观者要赶快习惯在黑暗中摸索前行。进入甬道之后，往前行走约 60 米就到了一间小墓室。这间墓室空间狭小，墓室的墙壁也很粗糙。穿过这间小墓室继续往前走，通过一小段很低矮的过道之后，眼前便豁然开朗起来，因为这里就是红金字塔的主墓室了。主墓室较为宽敞，四周墙壁经过精心雕琢，显得十分光滑；其顶部有规律地排列着许多巨大的石灰石横梁。这些石

灰石横梁在墓室顶部组成一个倒阶梯状内锥天花板。主墓室的内侧有一个离地面很高的通道，这条通道连接着红金字塔的第三间墓室。在红金字塔开放初期，人们是无法徒手攀爬上这条通道的。如今，这里已经建造起一座木质阶梯，观光者可以不费吹灰之力就抵达红金字塔的最深处。传说这间墓室才是圣法鲁法老最终的归宿之地，里面摆放着许多珍奇宝贝。可惜的是，考古专家并没有在这里发现圣法鲁法老的石棺，更别提传说中价值连城的珍贵文物了。

参观完红金字塔之后，卡尔大叔就准备带领大家前往下一个目的地。秀芬还在回味红金字塔的探险之旅，她似乎想到什么，问道："卡尔大叔，这儿不是还有一座黑金字塔吗？"

尤丝小姐似乎也想到了这一点，她提醒卡尔大叔道："嗯，来代赫舒尔，可不能忘了去黑金字塔呀。"

"那可是阿蒙涅姆赫特三世之墓，我怎么可能漏掉呢！"卡尔大叔指了指远处，笑着说道，"不过，在前往黑金字塔之前，我得跟你们说说圣法鲁法老建造弯曲金字塔的故事。"

秀芬本来就对弯曲金字塔产生了许多疑问，听卡尔大叔说要深入探索弯曲金字塔，她头一个举双手赞成，兴奋地喊道："太好啦，之前隔老远看到那座古怪的金字塔心里就有好多疑问，这下有机会一一解开啦！"

史小龙说："圣法鲁有啥好研究的

呀，不是看过他建造的红金字塔吗？赶快去黑金字塔瞧瞧呗。"

卡尔大叔说："他可是第一个建造金字塔的人，你也别小瞧他所建造的那座弯曲金字塔，它虽然模样很丑，但里面所埋藏的秘密却时刻吸引着世界各地的考古学家。"

说完，卡尔大叔便领着大伙朝弯曲金字塔走去了。那座金字塔还有一个别名——崩溃金字塔。至于为什么有这样一个奇特的名字，就请随卡尔大叔的脚步往下探索啦！

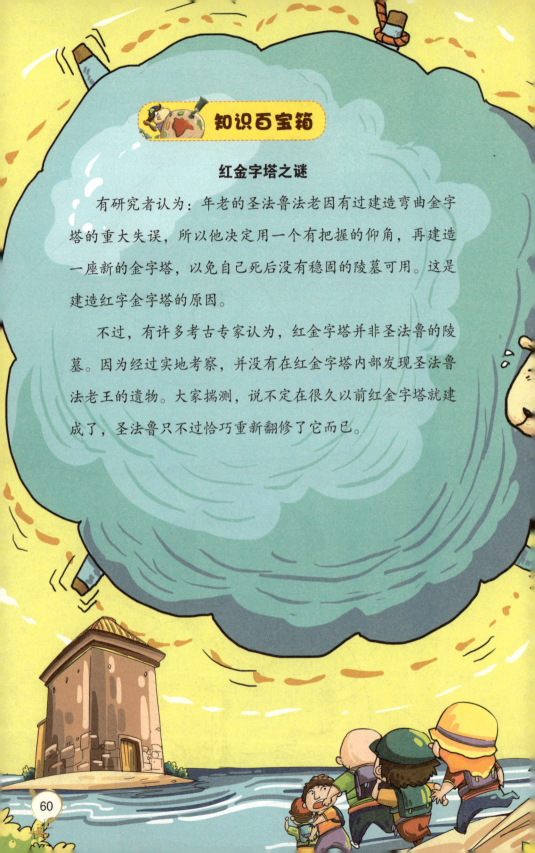

知识百宝箱

红金字塔之谜

有研究者认为：年老的圣法鲁法老因有过建造弯曲金字塔的重大失误，所以他决定用一个有把握的仰角，再建造一座新的金字塔，以免自己死后没有稳固的陵墓可用。这是建造红字金字塔的原因。

不过，有许多考古专家认为，红金字塔并非圣法鲁的陵墓。因为经过实地考察，并没有在红金字塔内部发现圣法鲁法老王的遗物。大家揣测，说不定在很久以前红金字塔就建成了，圣法鲁只不过恰巧重新翻修了它而已。

第九章

圣法鲁
建造崩溃金字塔

卡尔大叔领着大伙来到弯曲金字塔前。近距离见到外观奇特的弯曲金字塔之后，秀芬不禁感叹道："终于站在它的脚下了，真是太奇特了！"

史小龙有些失望，摊开手说道："我就说了嘛，脑子坏掉了才会建造出这样一座不伦不类的金字塔来。"

尤丝小姐说："小龙你这样说就不对了，要知道圣法鲁在建造它之前没有任何经验可借鉴，犯些错误是情有可原的。"

卡尔大叔说道："我倒觉得圣法鲁是特意那么干的，只不过这座闻名于世的'崩溃金字塔'，还能矗立沙漠多久就不太好讲了！"

卡尔大叔的担心不无道理，弯曲金字塔之所以又被大家称为"崩溃金字塔"，就是因为它在过去数千年间受到严重的破坏，不仅塔外壁出现大量崩裂，就连塔内部坚固的岩石结构也出现了问题。虽然在数千年间，崩溃金字塔受到所在地区几次地震的影响，但这都不是导致它即将倒塌的最主要原因。考古学家指出，罪魁祸首是这座塔塔壁的坡度。

在建造之初，崩溃金字塔的塔壁坡度为 54°31′，这个危险的坡度不仅会使建成后的金字塔高度远超圣法鲁预计的 100 米，还会使整座金字塔失去应有的稳固。但当这座金字塔建造到一半的时候，圣法鲁发现了这个致命的失误，他将塔壁坡度修改为 43°21′。工匠们在接下来的修建过程中都按照 43°21′ 这个坡度进行建造，从而大大减少金字塔本身的负重，避免了这座金字塔刚一建成就将倒塌的命运。正因如此，我们今天才有幸能看见一座外形奇特的金字塔。虽然崩溃金字塔外形奇特，但它却是为数不多的塔外壁非常平滑的金字塔之一，虽然塔主体出现严重裂缝，但时至今日，在建造之初铺设上去的石灰岩外壳仍然得以完好保存，这使得崩溃金字塔看起来比其他金字塔更加笔挺。

如今，崩溃金字塔经过埃及政府的修葺之后面向游客开放。卡尔大叔他们很快就进入崩溃金字塔内部，穿过一条约 80 米的甬道之后，他们进入了一间拱形墓室，这应该就是崩溃金字塔的大厅了。大厅的空间很大，显得特别宽敞，不过如今里面什么东西也没有，至于圣法鲁此前到底有没有在这里摆放他所喜欢的东西，谁也不知道。大厅里分布着数条通道，分别通往几个墓室。考古学家认为圣法鲁的遗体就安葬在其中一间墓室里，但事实上这座金字塔里并未发现圣法鲁的遗体。让人感到惊奇的是，有一间墓室的梁柱居然是用雪松做成的。卡尔大叔告诉秀芬他们，这些雪松木质坚韧并且重量又比石材轻很多，所以才会被建筑者用来制作梁柱。事实证明这样的选择是正确的，数千年之后，这些木质梁柱仍然很牢靠。有专家认为这些在古埃及难得一见的木材应该来自于古黎巴嫩。可见圣法鲁在建造这座金字塔的时候没少花费心血。

金字塔学家认为，圣法鲁在建造崩溃金字塔的时候应当借鉴了阶梯金字塔的建造方法，因为崩溃金字塔平滑的外壁看上去就像是用砖石填满阶梯金字塔的阶梯所形成的。这样的改变为建筑工人带来巨大的工作量。考古学家拿左塞尔阶梯金字塔与崩溃金字塔做过对比，前者的建造总计使用了 85 万吨石材，而后者则足足用了 900 万吨石材。

此外，崩溃金字塔所在的位置离石材的开采地非常遥远。工人们跋涉千里将石料运送到建筑工地之后还需要进行精确的切割和打磨，然后才能一块一块抬高上百米，慢慢堆垒出崩溃金字塔。在建造过程中还需要严格地遵从设计方案，这样才能让崩溃金字塔的几何形状一直保持到今天。因为数千年前的埃及工人们没有现代建筑机械的帮助，所以他们的进度十分缓慢，需要花费上10年才能彻底完工。不论从哪方面来讲，要完成这样浩大的工程是需要非常巨大的魄力的，所以如今有许多科学家认为圣法鲁建造崩溃金字塔是经过周密计划的，并非是传说中"匆忙间完工的样品"和"建造拙劣的墓冢"。

但是，按照埃及法老王建造金字塔的方式来看，崩溃金字塔的

形状又显得十分的"不伦不类"，所以很多人觉得，不论从哪方面来看崩溃金字塔，它都不应该被称作是精心设计和建造的。到底哪一个才是真相，还需科学家们的继续探索和研究。

玛雅金字塔

你知道吗，金字塔并非古埃及人的专利，许多古老民族都修建过金字塔。例如生活在美洲大陆的印第安人修建过大量的金字塔，也同样巍峨挺拔，令人赞叹。

在15世纪以前，印第安人居住的美洲大陆，是一块不为欧洲、亚洲、非洲人所知的大陆。所以印第安人建造金字塔是本民族的发明，没有受其他民族文化的影响。玛雅人是印第安人的一支，生活在美洲的中部地区。现存玛雅金字塔很多，以位于墨西哥大学城以南的库库尔坎金字塔最为著名。与埃及金字塔相比，玛雅金字塔在外型上有明显不同。

玛雅金字塔其实是一个高大的四方形多层的台基，四面有台阶可至台顶，台顶是一个平台，建有神庙。玛雅金字塔的用途是作为祭坛、神庙和天文台，只有极少数是作为陵墓。

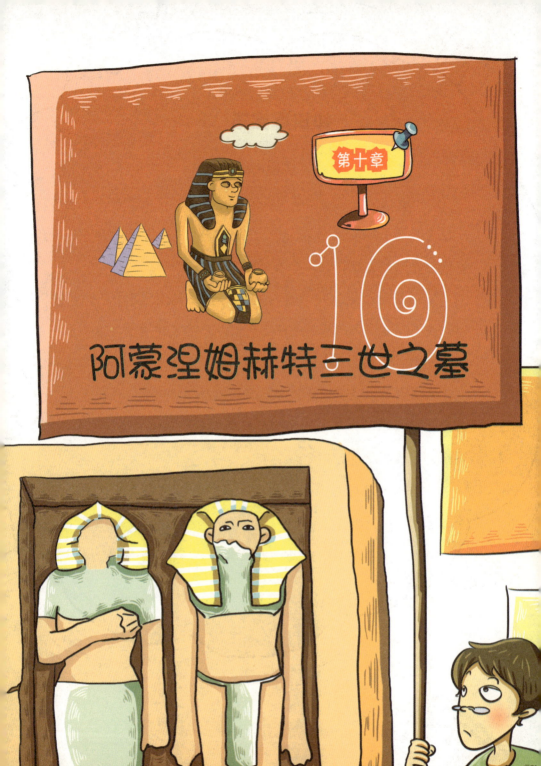

　　从崩溃金字塔出来不久，卡尔大叔的队伍穿过法雍绿洲，来到一片寸草不生的沙漠地带。他站在高处，指着不远处的一座灰黑色石堆说："看见没有，那就是传说中的黑金字塔！"

　　"您开玩笑吧，那也是金字塔？连四边的棱角都没有呀。"史小龙不敢相信眼前这座几近坍塌的沙堆，就是传说中的黑金字塔。

　　秀芬和帅帅也很震惊，秀芬说："对呀，起码也应该有边有角的嘛。"

　　卡尔大叔说："在很久以前，它也曾有过棱角，高大挺拔。"

　　在研究黑金字塔之前，我们要先了解阿蒙涅姆赫特三世的情况。这位埃及第十二王朝的法老，曾和他的父亲辛努塞尔特法老共同执政 20 年。他即位后，为消除

影响古埃及政局不稳的各种因素，进行了政治改革，很快就消除了各省之间的斗争和叛乱，然后又大修水利工程。阿蒙涅姆赫特三世主持修建的大型水利工程中以美里多沃湖水库最有名。他动员民众开荒种植，使衰败的埃及王朝出现了繁荣和复兴。

阿蒙涅姆赫特三世还热衷于采矿活动，他的采矿队伍曾穿梭于地中海和红海，甚至抵达过地中海东部的塞浦路斯。因为阿蒙涅姆赫特三世在采矿和水利上投入过大，造成国库亏空，一度复兴的古埃及王朝很快就进入衰败期。

作为一名国王，阿蒙涅姆赫特三世也为自己建造了一座非常宏伟的陵墓——黑金字塔。这座金字塔可以说是埃及金字塔的绝唱。因为自阿蒙涅姆赫特三世之后，埃及王朝彻底走向衰败，来自亚洲的喜克索人乘机占领了尼罗河三角洲地带并建立了喜克索王朝。此后，古埃及法老就没有再建造金字塔作为他们的陵墓了。

黑金字塔的命运坎坷不平，在古埃及第十二王朝灭亡之后，它就遭受到喜克索人的摧残。此外，它还要在数千年间，不停地接受沙漠风暴的侵蚀。所以，如今展现在我们眼前的黑金字塔早就没有建成初期的那种雄浑和壮观了。在古埃及第十二王朝灭亡之后，人们盗挖金字塔上的石灰石用于其他建筑物的事情已经司空见惯，而黑金字塔所遭受的盗挖事件更为严重，曾经覆盖在黑金字塔外壁的石灰石很快就被人们盗挖完了。金字塔内部灰黑色的岩石失去了外壁的保护，四条棱边很快就被沙漠风暴侵蚀掉了，黑金字塔就成了一座没有棱角的墓冢。

黑金字塔所在的地方叫做哈瓦拉，早在 19 世纪初就被辟为考古遗址。考古专家在这片寸草不生的荒漠里屡屡发掘出震惊世界的古埃及文物。1888 年，英国著名考古学家皮特里来到哈瓦拉考古遗址，经过一番探索，他在遗址中发现了公元 1 至 2 世纪的纸莎草纸。不久，皮特里又在黑金字塔北方发现巨大的陵墓区，这片陵墓区的历史可以追溯到古罗马时期。数年后，皮特里在这片陵墓中发掘出大量木乃伊，以及覆盖在这些木乃伊身上的木乃伊画像。令人震惊的是，这些木乃伊画像当中有一幅保存非常完好的法老画像，这就是举世闻名的法尤姆肖像。

哈瓦拉遗址里还发现了阿蒙涅姆赫特三世女儿的陵墓，该陵墓位于黑金字塔往南约 2 千米的地方。当然，这些古墓和黑金字塔比起来要逊色不少。站在黑金字塔旁边的围墙遗址上，我们能很清楚地看到金字塔的入口，这个入口连接着塔内甬道。甬道都是用石灰石精心修饰过的，如今，那些石灰石已经所剩不多了。从这个入口进入，沿着甬道往里走，到达末端之后就会出现一块巨大的石头挡住前面的路，将你引入另一侧的第二甬道，这条甬道直达法老墓室。

除了金字塔之外，阿蒙涅姆赫特三世还在哈瓦拉建造了许多供祭祀用的神庙，其中值得一提的就是"拉比郎特"神庙。神庙和金字塔的外围建造了大量堡垒、军事要塞和防御工事。这些古埃及建筑物环环相扣，组成了巨大的哈瓦拉遗址群落，曾来到哈瓦拉的希罗多德就这样形容过哈瓦拉遗址——"此地的景观比吉萨金字塔还要壮观"。由此可见，若不是遭受数千年的风沙侵袭，黑金字塔所在的哈瓦拉荒漠的名气甚至有可能超越吉萨高地和塞加拉高地。

哈瓦拉的木乃伊

考古学家在哈瓦拉发现了许多木乃伊，经过详细研究之后，他们指出：这些出土的木乃伊在生前可能患有各种疾病。比如说其中有两具木乃伊的脸两侧骨骼发生严重衰变，这可以表现为严重的偏头痛或者癫痫；另有三具木乃伊眼眶呈椭圆形，这说明他们生前患有糖尿病；此外，还有不少木乃伊的肺部出现大量固体组织，这表明他们生前可能患有严重的肺部疾病。

第十一章

沉睡千年的
埃及木乃伊

黑金字塔是古埃及人最后修建的一座金字塔。但卡尔大叔和他的队伍并没有因此而停止他们的脚步，因为埃及的大漠之中还埋藏着许许多多的秘密，等待着他们的探索，比如说木乃伊。在探索黑金字塔时，卡尔大叔就说过，在哈瓦拉出土过大量的木乃伊。这引起秀芬的注意，秀芬问："我总听别人说木乃伊怎么怎么的恐怖，那木乃伊到底是什么东西呢？"

　　史小龙说："你没看过相关的电影？木乃伊就是僵尸呀！"

　　卡尔大叔说："小龙，你这种解释不对。木乃伊不是僵尸，两者有很大的不同。世界上不同的民族，都有保护尸体不腐烂的方法和习俗。古埃及人把尸体经过特殊处理，存放在特殊的地方，尸体不会腐烂变质，只会因风化干瘪，最终形成'干尸'，这就是通常所说的木乃伊。

世界上名气最大的木乃伊当属埃及出土的木乃伊。" 卡尔大叔兴致勃勃地开始讲解起来。

至于古埃及人为何热衷于制造木乃伊，科学家给出了答案：古埃及人相信人死后，灵魂仍然存留于他们的尸体或雕像之上。古埃及法老相信自己在这个世界死去，灵魂就会前往另一个世界，在那里继续生活。所以法老特别重视自己尸体的保存，好让自己的灵魂有一个栖息之处，今后才有机会转世复生。于是，古埃及法老和王室成员死后，都要做成木乃伊。

古埃及人制造木乃伊的方法相当复杂。第一步，需要将死者尸体清理干净，用特制的工具从鼻孔伸进脑部，掏出脑髓，之后祭司就会往脑部注入一些防腐药剂。这些药剂既能清洗脑部，又能防止脑部发生腐烂。第二步，祭司拿出锋利的刀，在尸体腹部一侧切开一条小口子，取出腹腔里面的内脏，仅留下心脏这一个内脏器官，古埃及人认为人的灵魂活在心脏里。这时，祭司还会在木乃伊的心脏部位放置一个护身符。内脏取出之后，要用特制的药剂清洗腹腔。之后把准备好的防腐香料填进腹腔。接着制作木乃伊的祭司就会将尸体上的口子缝合。第三步，缝合好的尸体需要放入碱粉之中存放 40 多天。之后，将尸体取出，再次清洗干净。最后一步，用麻布绷带将尸体紧紧包裹起来，包裹完毕，要在麻布表层涂上一层树胶。至此，一具木乃伊就算完工。木乃伊做好之后会移交给死者的亲属，亲属们将木乃伊放置到事先准备好的人形木盒里，然后才能将木乃伊存放到墓室之中。

古埃及人能够制造出存放几千年都不会腐烂的木乃伊，说明当时的医学技术已相当发达。专家指出，古埃及人在长期的摸索中发现了防止尸体腐烂的方法，那些浸泡木乃伊所使用的碱粉是一种含盐量很高的碱性混合物，其作用相当于我们现在使用的福尔

马林。这种混合物可以吸走尸体里的水分，还能防止尸体产生异味。填进死者的腹腔和脑部的东西是用防腐香料和椰子酒混合而成的，可以保证尸体内部不会出现腐烂。

秀芬他们有些不敢听卡尔大叔讲述埃及人制作木乃伊的过程，因为听起来实在太过血腥和恐怖了。不过，卡尔大叔仍有办法提起大家的兴趣，他打趣地说道："要知道，古埃及的木乃伊有可能'复活'哦！"

史小龙吓得一下子瞪大了眼睛，说："卡尔大叔，你别吓唬我们，那都是电影里的场景！"

埃及木乃伊当然不会复活了，至少在目前来看是不可能复活的。不过卡尔大叔所说的"复活"，并不是指木乃伊又能变成活人，而是说有些埃及木乃伊看起来栩栩如生，就像是几千年前的人仍然活在世间一样，这样的传言经常见诸于报。早在 1963 年 3 月，美国俄克拉荷马大学的研究专家就曾发表声明，他们在古埃及美娜公主的木乃伊上发现了具有生命力的皮肤细胞。这一发现当即惊动整个科学界，要知道美娜公主的木乃伊至少在墓室里存放了几千年。

如果美娜公主的事情还不足以让你感到震惊的话，那么美国一家周刊上发表的有关古埃及木乃伊出土后怀孕的事情则一定会引起你的注意。不过这则报道最终被科学家认为是无稽之谈，因为那具女性木乃伊只不过是具没有卵巢等生育器官的人体标本，标本是不可能受精怀孕的。虽然这则报道是在愚弄大众，但据称，当初被冠以"怀孕"这个谣言的那具女性木乃伊是的确存在的，它的历史超过3000多年。而且据研究者称，那具木乃伊上的皮肤和肌肉仍然保持着不错的弹性！

"我看咱们还是回归金字塔吧。"秀芬有些害怕地说，"我真害怕我们在金字塔旁边走着走着，就有木乃伊从地底下爬出来，那太吓人了！"

"木乃伊并没有你所想的那样恐怖，事实上，在埃及金字塔中所发现的每一具木乃伊都是一件绝美的艺术品。"卡尔大叔说，"有空带你们去看看全世界最著名的木乃伊——拉美西斯大帝木乃伊，你们就不会这样认为啦！"

很多人都认为，既然埃及金字塔是法老建造的陵墓，那么这些金字塔的墓室里至少应该摆上珍稀文物吧？可事实上，大部分埃及金字塔的墓室都是空荡荡的，甚至连法老的尸首都找不到。秀芬他们三个也产生了这样的疑问，卡尔大叔也没办法跟他们解释这其中的原因，只是说："金字塔有太多的秘密了，我们只能慢慢探索。"

考古学家最初认为古埃及人建造金字塔，是为了向外界昭示法老至高无上的地位和王朝的强盛。但这只是猜想，人们至今对古埃及人建造金字塔的目的仍一无所知。虽然迅速发展的考古技术让我们了解到埃及金字塔的许多神秘之处，但和尚未揭开的谜团相比，那不过是沧海一粟罢了。

在很久以前，人们就开始探索埃及金字塔了。公元820年，阿拉伯帝国世袭君主哈里发下令对胡夫金字塔，也就是吉萨大金塔进行研究。一群阿拉伯工人花费了几个星期的时间，才在坚硬的金字塔塔底开凿出一条低矮的隧道，这条隧道连接着金字塔内部的甬道。阿拉伯工人在随后的探索中找到了大金字塔内部的三间墓室。可是让他们深感意外的是，这些墓室全部空荡无物。他们满怀期待地进入国王墓室，毕竟那里是传说中安放法老胡夫遗体的地方，应该会摆放许多宝藏。可事实却让人十分懊恼，大金字塔的国王墓室里不仅没有任何值钱的宝贝，就连法老的尸首也没有，只在墓室中间摆放着一副空空如也的石棺，而且这副石棺还没有棺盖！

　　胡夫费尽心思建造了大金字塔，最后却没有安葬在金字塔里面，这其中会有什么缘故呢？在哈里发探索大金字塔之后，世界各地的探险者也纷纷来到大金字塔，希望能够找到大金字塔墓室空无一物的原因。由于至今也没有人从大金字塔里找到任何有价值的古埃及文物，于是大家纷纷猜测，大金字塔内应当有一个尚未发现的墓室。于是有无数探险者在寻觅大金字塔内的隐秘墓室，他们动用了一切可以使用的手段，但什么也没有找到。

1993 年 3 月，一位金字塔探索者鲁道夫在大金字塔里发现一条重要线索。鲁道夫是德国人，被德国派驻在开罗考古研究院工作，他负责遥控机械装置方面的工作。3 月 22 日，鲁道夫进入大金字塔，并在王后墓室南通道上方放入一个名为乌普瓦特 2 号（乌普瓦特在古埃及语中有"开路先锋"的意思）的机器人。鲁道夫控制乌普瓦特 2 号进入通道往前行走 65 米之后，发现一个看起来很像一扇小门的东西。乌普瓦特 2 号传回了现场拍下的照片。通过仔细观察，鲁道夫认为乌普瓦特 2 号拍下的的确是一扇小门，而且在这扇门的底部还出现了一条裂缝，这说明门后面有空间。

　　鲁道夫发现隐藏的密室了吗？似乎所有人都有这样的疑问，因为那扇小门和那条裂缝太有玄机了。考古专家实地考察之后普遍认为，既然有门，那么门后面就一定还有东西；

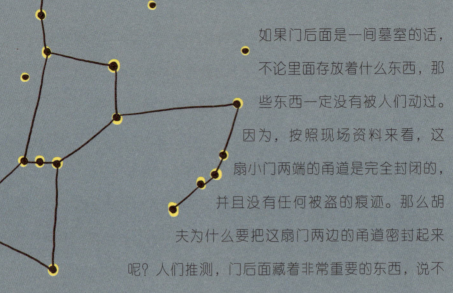

如果门后面是一间墓室的话，不论里面存放着什么东西，那些东西一定没有被人们动过。因为，按照现场资料来看，这扇小门两端的甬道是完全封闭的，并且没有任何被盗的痕迹。那么胡夫为什么要把这扇门两边的甬道密封起来呢？人们推测，门后面藏着非常重要的东西，说不定就是胡夫的遗体呢！这样，胡夫当初建造大金字塔的动机才能使人信服。

不过，发现了小门和裂缝并不意味着"大金字塔是空的"这一结论被推翻。因为到目前为止，考古学家还无法进入当初乌普瓦特2号所经过的那条甬道，也就不能真正一窥那扇门后的究竟。

因为，科学家要想打开那扇门一窥究竟，就得拆除甬道旁边的大量石块，这是被明令禁止的。因为拆除甬道所造成的严重破坏将无法挽回，甚至会造成大金字塔的轰然倒塌。

于是，关于那扇门的研究陷入了僵局。在无法打开那扇门的情况下，有些科学家就把研究重点放在那些被胡夫封堵住的甬道上。英国有两位考古学家也对被封堵的甬道产生了浓厚的兴趣，他们指出，这些甬道并不是用来通风的，因为大家甚至都不知道它们通向哪里。为弄清楚甬道的用途，这两位英国考古学家把思路扩展到天文学方面。众所周知，古埃及在天文学和占星学方面的造诣在当时是最高的。所以，他们在建造金字塔时运用了大量天文知识，比如说选定塔基、量取角度和量取长度等。研究结果果然令人惊讶，大金字塔内部的甬道几乎都有与之相对应的天文星座，比如说国王墓室南通道就指向猎户座，而猎户座在古埃及人们眼中就是最伟大的神灵——奥西里斯神。大金字塔王后墓室的南通道则指向天狼星。天狼星在古埃及人眼中则代表伊西斯女神。这并不是特例，考古学家随后又发现，几乎在所有的埃及金字塔里面都能找到这样的秘密。

当然，就像卡尔大叔所言，这些未解谜团只不过是埃及金字塔谜团中的冰山一角。随着高科技考古技术的应用，科学家又在埃及金字塔里面发现了许多难以解释的谜团，它们都在等待我们的研究和探索！

小朋友们对埃及金字塔的探索才刚刚开了个头。大伙儿在国王墓室里休息一番之后，卡尔大叔便用神秘的口吻问："大家现在说说看，埃及法老为什么要建造金字塔呀？"

史小龙拍着胸脯说："这还用问呀，很显然就是为了长生不老呀！"

帅帅吐了吐舌头，说："你还当真了，现在的问题是金字塔里面没有埃及法老的尸体，就算有也成了木乃伊，怎么长生不老啊？"

秀芬也说："就是，小龙一天到晚不知道在想些什么！"

卡尔大叔笑着说："大家不要吵啦，其实埃及金字塔的确是埃及法老存放木乃伊的最佳地方，因为埃及金字塔就像一座座结实而又完美的脱水机器！"

卡尔大叔的话很好地解释了埃及法老为什么要花费庞大的人力和物力兴建金字塔。科学家研究证实，埃及金字塔的墓室具有很强大的脱水能力，这似乎与金字塔墓室里潮湿的环境大相径庭，但事实上的确如此。而且，在金字塔塔高1/3的地方脱水能力更为强大。20世纪初，一名叫做安东尼·博维的法国人来到吉萨高地，他在参观大金字塔国王墓室时，偶然间发现几具丢弃在垃圾桶里的猫狗尸体。让博维惊讶的是，这些小猫小狗的尸体居然没有腐烂，反而形成了完美的木乃伊。要知道，因为地理原因所致，埃及金字塔墓室里的湿气很重，温度也很高，按常理来说猫狗尸体是不大可能在这种环境下变成木乃伊的。难道金字塔有某种脱水的能力？

事实上，金字塔的墓室里空空如也，并没有什么脱水机器。博维想到，肯定是金字塔的特定形状起了作用！返回法国之后，博维就开始研究金字塔的"脱水能力"。他用硬纸板制作了一个底边长 0.9 米的大金字塔模型，然后按照埃及金字塔的建造方位进行摆放，让金字塔模型的每条斜边都与东南西北各方一一对应。摆放好金字塔模型之后，博维便找来小猫的尸体，将它放在金字塔模型里。结果，博维的实验获得了成功，数天之后，那只小猫的尸体顺利地变成了木乃伊，一点腐烂的痕迹都没有。

这简直太神奇了，就算是按照当时的科技水平，想要完美地制作一具动物干尸标本，也不容易，需要专业人员来做。博维决定把这个实验继续下去，他找来日常生活中能够随意获得的各种食物做实验，结果是不论什么东西，只要放进那个金字塔模型中，都不会腐烂，只会变干。不久，博维发布了他的研究成果，宣称自己发现了埃及金字塔里的神奇力量。

博维的发现引起了原捷克斯洛伐克放射专家卡尔·德鲍尔的注意。1940年开始，德鲍尔开始复制博维的实验，并把实验目标继续扩大。他用厚纸做了好几个金字塔模型，这些模型的高度都是30厘米，在10厘米高的地方有个架子用来存放实验目标。在第一批实验

中，德鲍尔在金字塔模型中存放羊肉、鸡蛋、死壁虎、死青蛙以及数种花朵。数天之后，德鲍尔发现，放进金字塔模型的所有东西都变干了，而且没有　任何腐烂变质的迹象。获得成功之后，德鲍尔联系到博维，两人很快就成了研究金字塔神奇能量的搭档。不过他们仍旧没能找到使金字塔具有防腐脱水功能的神奇力量到底源于什么。

　　有科学家还提出了一个大胆的设想——古埃及人建造金字塔所用的巨石根本就不是在采石场开采出来的。因为埃及金字塔几乎全部耸立在沙漠深处，周围根本就找不到适合开采建筑用石的地方。唯一的解释是，那些石头是人造的。持这种观点的考古学家对金字塔上的石砖进行了分析，并指出建造金字塔所用的巨石很有可能就是古埃及使用沙石、泥土和黏胶混合制成的。也许大家会产生疑惑，古埃及人制造砖石然后建造成金字塔，这与金字塔具有脱水防腐的能力有什么关系呢？

答案就在这些"人造巨石"身上。物理学家分析之后提出了新的猜想，他们认为古埃及人在制造砖石时，加入了一些具有绝缘和隔热功能的物质，这使得制作好的砖石具有吸收外界射线的能力。埃及金字塔伫立在荒漠之中已数千年，在这数千年之中，塔身上堆垒着的砖石，不间断地吸收着宇宙射线、人为电磁波，日积月累之后，宇宙射线及电磁波里的能量全都聚集在金字塔的塔身上。加上金字塔呈规则的正四角锥形，它们的外壁也很光滑，这使得吸收在金字塔塔身上的各种能量在金字塔内部产生和谐共振。再加上地球磁力和万有引力的作用，致使各种能量在这里形成一个复杂的能量场。这个能量场就是金字塔的神秘所在。如今，科学家已经给这个能量场取了一个新鲜的名字——匹热迷能。

　　"当然啦，匹热迷能可不仅仅只有脱水防腐这一种功能哦！"卡尔大叔总结道。

　　秀芬问："这已经够玄乎的啦，难道还有更为神奇的作用？"

　　尤丝小姐说："还是那个德鲍尔，除了发现金字塔具有防腐和脱水的功能之外，他还发现在金字塔里面处理过的刮胡刀更为锋利和耐用，并且还取得了专利呢！"

　　史小龙惊讶地问："真的吗，这也太神奇了吧？"

　　卡尔大叔笑了笑，说："这只是开始的发现，今后还有更多神奇的功能等着我们去探索呢！"

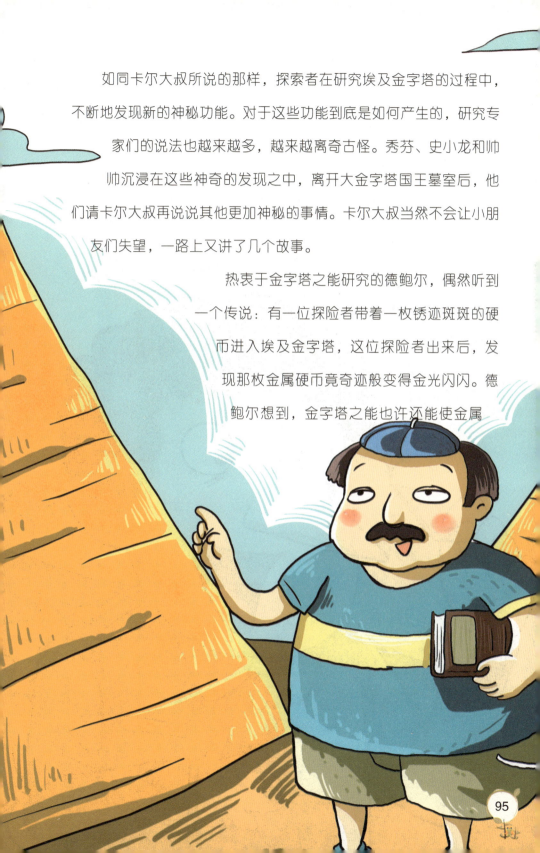

如同卡尔大叔所说的那样，探索者在研究埃及金字塔的过程中，不断地发现新的神秘功能。对于这些功能到底是如何产生的，研究专家们的说法也越来越多，越来越离奇古怪。秀芬、史小龙和帅帅沉浸在这些神奇的发现之中，离开大金字塔国王墓室后，他们请卡尔大叔再说说其他更加神秘的事情。卡尔大叔当然不会让小朋友们失望，一路上又讲了几个故事。

热衷于金字塔之能研究的德鲍尔，偶然听到一个传说：有一位探险者带着一枚锈迹斑斑的硬币进入埃及金字塔，这位探险者出来后，发现那枚金属硬币竟奇迹般变得金光闪闪。德鲍尔想到，金字塔之能也许还能使金属发生变化，那如果将一把小刀放进金字塔模型里会发生什么情况呢？是不是会变钝呢？想到这里，德鲍尔找来刮胡子用的刀片，放在用绝缘纸做成的金字塔模型里。结果让德鲍尔惊讶，刮胡刀片不仅没有变钝，反而变得更加锋利起来。他带着不可思议的神情重新使用了这片刮胡刀片。德鲍尔一直使用了 50 多次才扔掉那片刮胡刀片，要知道当时最好的刮胡刀片的使用极限也只有 20 多次。

德鲍尔意识到这是个值得继续研究的新发现，但一次偶然的发现并不能证明金字塔就真的具有这种功能。德鲍尔开始制作更标准的金字塔模型，

且在实验中严格控制金字塔和刮胡刀片的摆放方向。数次试验结果完全一样，金字塔之能的确能使刮胡刀片变得更加锋利和耐用。德鲍尔将这种用绝缘纸壳做成的金字塔模型称为"法老磨刀片器"。1949年初，德鲍尔向布拉格相关部门申请注册这款磨刀片器的发明专利。不过，专利委员会的工作人员认为德鲍尔在开玩笑，因为一个纸壳做的金字塔模型怎么能磨刀片呢？所以这项发明专利的审批一直进行了10年，在漫长的审批过程中，德鲍尔曾遭到不少人的嘲笑。后来，德鲍尔说服了专利委员会的主席，让这位主席亲自试用"法老磨刀片器"，最终这位主席证实了德鲍尔的"法老磨刀片器"的确能磨刀片，并非大家所说的"魔术道具"。所以，德鲍尔在1959年获得了这项专利权，"法老磨刀片器"开始批量生产。据说，"法老磨刀片器"很

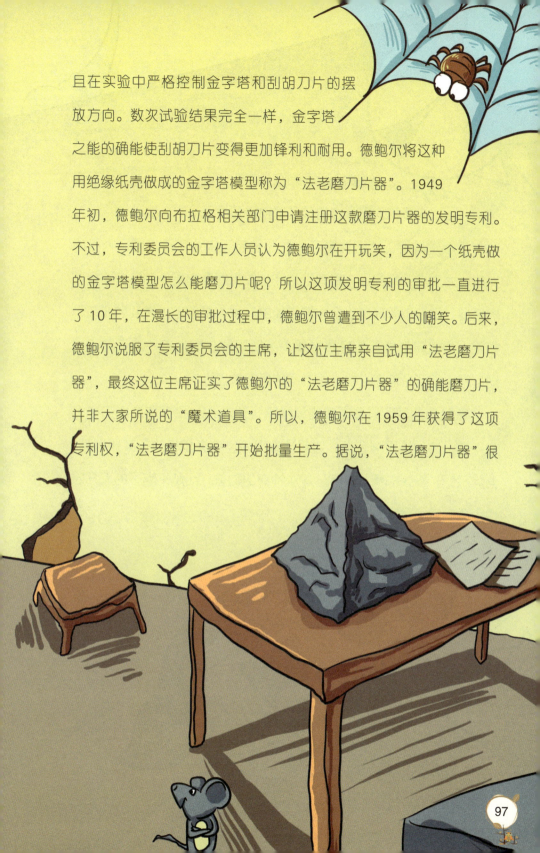

快就打开了销路，就连美国、苏联、加拿大及诸多西欧国家也能买到这种磨刀片器。

德鲍尔发明的"法老磨刀片器"引起不少金字塔之能研究者的兴趣，大家搞不懂的是，德鲍尔为什么要用绝缘物质来制作这种金字塔模型。德鲍尔解释说，金字塔之能的产生，是宇宙中微波射线在起作用，而微波射线无法穿透导体，所以用导体制作的"法老磨刀片器"产生不了金字塔之能，也就不能磨刀片了。

德鲍尔之后，很多领域的科学家开始加入到金字塔之能的研究当中来。比如说医学专家，他们试着用金字塔模型来治疗某些疾病，消除疲劳，舒缓心情，等等。这些神奇的功效，让越来越多的人开始使用和制造"金字塔模型"。

如今，金字塔形状的建筑物几乎遍布全球。最值得一提的是耸立在法国罗浮宫前的那座玻璃"金字塔"。这座"金字塔"高达20米，出自华裔建筑设计师贝聿铭之手。美国密歇根州有一座金字塔形状的大建筑物，是一家钢结构公司的办公楼。据说在这栋办公楼里上班的工作人员都感受到金字塔之能的神奇作用。德国有一所乡村小学里有间金字塔形状的教室，这间教室边长17米，显得很简陋，但这并不能阻挡金字塔之能在这里发挥作用。据这所小学的学生说，在这间金字塔教室里学习一点都不会感觉乏味，有时候连续学习几个小时都还能保持注意力，一点都不会感觉到疲倦。

秀芬瞪大双眼听卡尔大叔讲述这些离奇的故事，她说："照这么说，等到金字塔之能的秘密被彻底揭开之后，地球上岂不是要盖满金字塔啦？"

卡尔大叔说："那倒不一定，毕竟这只是一些传说故事，人们至今还没有弄明白这其中的奥秘，说不定金字塔之能还能带来很坏的事情呢。"

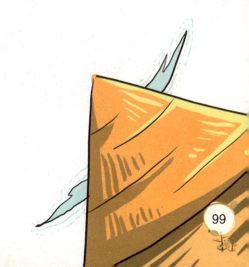

第十五章

堪称完美的
金字塔工程

秀芬、帅帅、史小龙跟在卡尔大叔后面，朝下一座金字塔走去。秀芬回头望了望身后的大金字塔，对帅帅和史小龙说："我真的无法想象，古埃及人是怎么建造出胡夫金字塔这么完美的建筑的！"

帅帅说："是呀，这简直太神奇了！"

卡尔大叔回头说："所以说古埃及人是伟大的，出自他们之手的每一座金字塔都是奇迹！"

卡尔大叔说的没错，古埃及人建的每一座金字塔都是庞大而完美的工程。就拿大金字塔来说，即便是运用最先进的现代建筑技术也很难完美地完成这个工程。但种种迹象表明，埃及金字塔的确是在数千年前，完全依靠人力所建造成的。古埃及人在建造金字塔之前肯定要制定一个周详的计划，因为建造金字塔是一个庞大的工程，参与工程建设的工人数量可能要超过几万甚至十几万，要用的石材也是数量巨大。更重要的是，一座金字塔的工期要持续几十年。所以，制定一个非常周详的计划是必不可少的。

建造金字塔的总设计师肯定是最忙的人了。

在工程开始之初，他要找到一个非常稳固的地方建造塔基。但这个地方并不是随便就能找到的，因为埃及法老对金字塔的选址非常重视。以法老的信仰来说，选址首先要满足太阳下落的方位和尼罗河西岸这两个条件，这种地方才是灵魂能够生活的地方。有人认为，选定在尼罗河旁边建造金字塔，可能是出于用水路运输石材较方便的考虑。

接着，为保证金字塔在建成之后保持稳固，地基必须坚硬，才能保证金字塔建好不会因地基不好而歪斜倒塌，地平必须非常接近水平。在做地基时，古埃及人是如何在没有指南针的情况下准确定位东南西北的呢？科学家们对此也是满脑疑问，他们觉得古埃及人可能在仰望星空的时候得到了灵感，学会了利用星星的方位作参考判定金字塔塔壁朝向。

塔基位置选定之后就该量取和设定各项数据了。经考古学家测量，每一座埃及金字塔的各项数据都非常神奇，几乎都能与天文、地理等领域扯上惊人的关系。这些数据肯定不是什么巧合，也不是建筑工人们随便设定的，他们一定使用了某些工具。可是在那样一个落后的时代，他们有什么工具可以使用呢？谁也没能找到这个问题的答案，因为古埃及人给我们留下了宏伟的金字塔，却没有留下任何建筑记录。

我们现在能依靠的资料只有公元前 5 世纪古希腊历史学家希罗多德留下的资料。希罗多德提到，大金字塔可能用了 20 多年时间才完成，参与到建设当中的工人达到 10 万。考古学家经过实地考察之后，认为希罗多德的数据有些保守，他们认为整个工程用时可能超过 30 年，参与其中的工人超过数十万，这些工人分工明确，隔三个

月就会轮换一下工作内容。考古学家还指出，建造大金字塔所用的石料一部分就地取材，更多的则是从遥远的亚斯文运过来的。工人们先在亚斯文的采石场里采掘石料，然后通过尼罗河将这些石料运抵工地附近的尼罗河河岸。接着负责搬运的工人就把石料运到工地。几千年前，埃及人既没有起重机也没有重型货车，他们到底是怎样把重达几十吨甚至上百吨的石块搬运到金字塔工地的呢？研究者给出了答案：石料运抵河岸之后，搬运工就在码头至工地的路上铺满圆滚的树干，然后把巨型石块放在这些树干上，一步一步运到工地。

因为金字塔是按照四棱锥的形状建造的，所以工人们必须一层一层往上堆垒雕琢好的巨型石块。这是一个极其缓慢和复杂的过程，金字塔每往上升高一米，工人们的工作量就要增加好几倍，

因为在把雕琢好的巨石搬上金字塔之前，他们需要建造一个搬运石块所用的斜坡。据考古专家推测，建造这些斜坡至少要花费 10 年之久。在堆垒完所需的斜坡之后，完成整座金字塔的建设还需要 20 多年。在这 20 年中，工人们需要把每一块巨石拼合起来，整个过程中并没有使用到任何粘合物。在这样恶劣的条件下，古埃及人还是完成了金字塔的建设，并且成功地使石块与石块之间结合得几乎天衣无缝。直到如今，在金字塔外壁上出现的裂缝甚至连薄纸片都塞不进去。所以，不管怎么看，埃及金字塔的建造是独一无二的壮举。

考古学家经过测量和推算发现，大金字塔各塔壁所朝向的方向与东西南北各方误差不超过 5°，这是非常惊人的。同时，大金字塔各边边长之间的误差仅仅只有 1.27 厘米，误差率甚至还不到万分之一。从数据上来看，金字塔的精细度似乎已达到无可挑剔的程度了。

秀芬在听完卡尔大叔的讲述后，惊奇地问："难道没有人怀疑过埃及金字塔不是人类所建造的吗？"

史小龙也说："我也有些怀疑呢，徒手建造出这么巨大的金字塔，似乎不太可能呀！"

尤丝小姐说："当然，早就有人提出怀疑，20世纪初就有不少研究者认为，埃及金字塔出自外星人之手呢！"

帅帅问："真的吗？"

卡尔大叔笑了笑，不置可否地说："说不定埃及金字塔还真是外星人在地球上建造的中转站呢！"

卡尔大叔的怀疑不无道理。因为按常理来看，埃及金字塔建造所运用到的技术似乎不太可能在四五千年前就出现了。到近现代，科学家在探索研究埃及金字塔时又发现了许多惊人的巧合。要如何解释这些诡异的巧合呢？科学家们首先想到了外星文明。如果外星人能够在宇宙中来去自如，那他们就一定能够在埃及的沙漠里建造出旷世惊人的金字塔来！

这些巧合到底有多惊人呢？我们一一来看就知道了。比如，大金字塔所用到的石块平均重达数吨，总重量加起来超过五六千万吨，这个重量乘以 10 的 15 次方就非常接近 60 万亿亿吨。你或许要问，这些数值有什么意义呢？60 万亿亿吨是地球的重量！这下大家就该知道大金字塔身上的数据有多诡异了吧。

事实上，大金字塔身上还有很多令人匪夷所思的巧合。在拿破仑率领法兰西军队进入埃及的时候，随行的法国专家就研究过大金字塔。经过详细测量之后，法国人惊奇地发现，如果以大金字塔的顶点为起点向正北方画出直线的话，这条直线可以把尼罗河三角洲分为对等的两个部分。这是不是有些不可思议？如果你以为这就结束了的话，那就太小瞧埃及金字塔了！科学家继续延长这条直线一直到地球北极，然后发现这条直线居然不偏不倚地穿过北极，离北极极点仅仅只有6.5千米的距离。地理学家甚至直接肯定大金字塔落成那天，这条延长线是与北极极点重合的，因为在过去的数千年间，地壳时刻运动着，北极极点一定发生了偏移。此外，科学家还发现，穿过大金字塔正中心的子午线能够恰如其分地把地球上的海洋和陆地分成相等的两半。这样惊人的地理测量，在数千年前几乎是不可能完成的。所以科学家们把目光投向了外星人，经过一系列调查之后，他们提出了一个令人不大相信的观点——最古老的埃及金字塔可能建造于50万年以前，出自银河系深处的某个外星种族之手，建造在地球上作为他们的中转站，而我们现在所看到的大部分金字塔则是由来自猎户星座的外星人所建。

许多人不认同这个观点，因为根本没有证据可循。为此，持外星人学说的科学家解释说大金

字塔里面有两条隐藏的甬道正对着猎户座，这可能就是猎户星座的外星人所留下的记号。

尽管这样，反对者仍然不相信埃及金字塔是外星人所建造的，他们认为这一系列诡异的数据可能是古埃及人智慧的体现，说不定那时候的古埃及人就已经学会了许多令我们感到震惊的知识。这也无可厚非。因为古埃及人深谙占星术，他们的天文和地理知识的确很发达。

因此，那些持外星学说的科学家开始从金字塔的建筑过程上寻找线索。他们拿大金字塔做研究目标，假如大金字塔真的是由埃及人徒手建造的话，经过测算，2万工人同时进行设计指挥、开采石料、搬运石料、堆垒石块这几样工序的话，每天仅仅只能准确地在大金字塔塔基上放置10块石头。以这样的速度建造出大金字塔需要整整600年的时间。很显然，胡夫法老是不可能等待600年的。所以，我们有理由相信当初的古埃及人在建造大金字塔的时候获得了外星人帮助，或者说这座金字塔根本就是直接由外星人建造完成的，毕竟至今为止谁也没能在大金字塔中发现胡夫的尸体，不是吗？

此外，一些几何学家也开始认为是外星人建造的金字塔，因为我们目前所见到的大部分金字塔除了被风沙侵蚀掉外表之外，都保持了数千年前的原貌，特别是吉萨高地上的几座金字塔，更是保存得相当完好。

不过，外星人建造埃及金字塔只是个猜测，因为我们连外星人长什么样子都还不知道，更别提他们会不会在地球上建造金字塔了。假如埃及金字塔真的是外星人建造的中转站的话，那金字塔墓室里空空如也又作何解释呢？

第十七章

失落文明
所留下的遗产

18

　　结束参观，卡尔大叔领着小朋友们回到休息的地方，尤丝小姐拿来不少埃及金字塔的宣传画册。秀芬翻看着画册，自言自语说："莫非它们真的是外星人建造的中转站？"

　　史小龙说："哪来的那么多外星人呀？"

　　帅帅突然想到失落大陆的传说，便说："也许是亚特兰蒂斯人建造的呢！"

　　卡尔大叔笑着对大家说："帅帅的观点与某些研究者的观点不谋而合啊！此前也有不少研究者提出失落文明孕育了金字塔这个说法，不过到底能不能得到证实，还需要不懈的努力啊！"

　　既然没有外星人建造埃及金字塔的真实证据，那么埃及金字塔有没有可能出自失落文明的人类之手呢？这几乎是所有研究埃及金字塔的专家考虑的问题。事实证明，这种猜测也有一定道理的。虽然种种迹象表明古埃及人才是埃及金字塔的建造者，但事实上谁也无法解释数千年前的古埃及人如何徒手把重达数十吨甚至数百吨的巨石，从远隔千里的尼罗河东岸搬运到西岸的沙漠腹地之中，要知道开采那些石块就是一件无法想象的难事。所以，不少专家开始质疑那些石块的出处。谁也不能肯定，一切的一切都成了难解的谜团。